绿色农业
生产补偿标准研究

◎ 辛岭 著

中国农业科学技术出版社

图书在版编目（CIP）数据

绿色农业生产补偿标准研究 / 辛岭著. —北京：
中国农业科学技术出版社，2015.12
ISBN 978-7-5116-2412-3

Ⅰ.①绿… Ⅱ.①辛… Ⅲ.①绿色农业—补偿机制—
研究—中国 Ⅳ.① S181 ② F323

中国版本图书馆 CIP 数据核字（2015）第 299931 号

责任编辑	徐定娜	
责任校对	贾海霞	

出　　版　中国农业科学技术出版社
　　　　　北京市中关村南大街 12 号　　邮编：100081
电　　话　（010）82109707　82105169（编辑室）
　　　　　（010）82109702（发行部）　（010）82109709（读者服务部）
传　　真　（010）82106650
网　　址　http://www.castp.cn
经　　销　各地新华书店
印　　刷　北京富泰印刷有限责任公司
开　　本　710 mm×1000 mm　1/16
印　　张　7.75
字　　数　135 千字
版　　次　2015 年 12 月第 1 版　2015 年 12 月第 1 次印刷
定　　价　36.00 元

序 言

党的"十八大"报告明确要求:"转变经济发展方式,加强能源和生态环境保护,增强可持续发展能力……;要健全农业生态环境补偿制度,到 2020 年,资源节约型、环境友好型农业生产体系基本形成"。2015 年党的十八届五中全会也提出:"大力推进农业现代化,加快转变农业发展方式,走产出高效、产品安全、资源节约、环境友好的农业现代化道路。……,坚持绿色发展,必须坚持节约资源和保护环境的基本国策,坚持可持续发展,坚定走生产发展、生活富裕、生态良好的文明发展道路,加快建设资源节约型、环境友好型社会,形成人与自然和谐发展现代化建设新格局,推进美丽中国建设,为全球生态安全作出新贡献。"绿色农业生产过程表现出典型的正外部性特征,自 20 世纪 80 年代中期以来,农业生态补偿已经成为发达国家激励绿色农业生产的有效方式。并被证实,相对于传统的命令-控制型政策工具而言,生态补偿是一种相对有效的措施。但我国并未形成对绿色农业正外部性进行补偿的有效的制度安排,因此,研究绿色农业生产补偿标准问题,为我国绿色农业生产补偿机制的全面建立提供新的政策建议和参考方案。

全书在"绿色农业生产补偿标准研究"(2015 年农业部软科学课题,课题编号:201510)、"中国农业现代化报告"(2015 年中央级公益性科研院所基本科研业务费专项资金项目,课题编号:0052015002-2)等课题研究成果的基础上,以绿色农业生产者为研究对象,采取定性和定量、理论分析和实证研究的方法,重点测算生产者从事绿色农业生产的补偿标准,从而为现实中广大生产者投入绿色农业生产提供有效激励,以期对我国发展绿色农业提供一定的理论科学依据和现实决策参考。本书内容分为六部分。

第一章，绿色农业生产补偿标准的理论基础。以有机农业理论、可持续农业理论、资源稀缺性理论等为基础，在界定相关的概念和特征的基础上，构建绿色农业生产补偿标准的理论框架，对绿色农业生产补偿的实质问题进行解析。

第二章，国内外绿色农业发展现状分析。以对绿色农业生产者和地方政府有关部门进行调研为基础，研究国内外绿色农业进展以及对绿色农业的补偿现状，探寻我国绿色农业生产补偿标准存在的问题、症结。总结发达国家实施绿色农业生产补偿的成功经验，为我国提供借鉴和启示。

第三章，绿色农业生产补偿标准测算。首先从绿色农业生产补偿的研究和农业绿色发展水平评价研究两个方面进行了文献综述，然后从成本补偿和效益补偿方面探讨了绿色农业生产补偿依据，在此基础上，提出绿色农业生产补偿标准的测算方法：以绿色农业生产者的调查为实证，针对粮食作物和经济作物，构建的绿色农业生产水平评价指标体系，运用熵权灰色关联模型方法，评价生产者不同种植作物的绿色农业生产综合指数；在此基础上，以当地当年种植不同作物的土地的亩均纯收益为基数，设定不同作物绿色农业生产综合指数区间范围对应的补偿比例，分别测算出对绿色农业生产者的补偿金额。

第四章，绿色农业生产补偿标准测算方法的应用研究。为了试验和检验绿色农业生产补偿金额测算方法的实际应用效果，我们选取了 4 个具有代表性的地区，包括：河南省固始县（以小麦为例）、安徽省庐江县（以水稻为例）、内蒙古自治区通辽市（以玉米为例）和安徽省合肥市郊区（以蔬菜为例），应用前述测算方法，测算出对每个生产者绿色农业生产补偿的额度：小麦、水稻、玉米、蔬菜绿色种植模式亩均补偿金额分别为 96.26 元、83.7 元、64.8 元和 205 元。

第五章，绿色农业生产补偿对象及补偿资金来源。绿色农业生产补偿对象是绿色农产品生产者，主要包括农业企业、农村专业合作组织和农户。我国现阶段主要以政府补偿为主，随着市场机制的逐渐成熟，可逐步引入市场补偿方式。

第六章，绿色农业生产补偿的政策保障。在以上研究的基础上，提出了全面推进绿色农业生产补偿的政策措施。

在课题研究过程中，中国农业科学院农业经济与发展研究所王济民研究员、任爱胜研究员、朱立志研究员、赵之俊研究员提出了很有参考价值的建议，在此一并感谢！

农业现代化研究内容十分丰富，我们的研究还存在不少的问题，研究还需进一步深化。由于时间紧、科研任务重，加上作者的研究和写作水平有限，本书的成稿难免会存在一些疏漏和欠缺，恳请同行专家和学者能够不吝赐教，给予批评指正，旨在共享经验与相互探讨，推动我国绿色农业理论与实践的发展。

辛 岭

2015 年 12 月

目　录

第一章 绿色农业生产补偿标准的理论基础

农业绿色发展理论是相对于农业传统发展理论而言的，传统农业也被俗称为石油农业。伴随石油农业所带来的巨大的环境污染与生态破坏，世界各国逐渐开始加强对农业绿色发展的探索和研究。目前，农业绿色发展的相关理论较多，主要包括有机农业理论、生态农业理论、可持续农业理论、资源稀缺性理论和外部性理论等。这些农业的绿色发展理论在本质上都是强调农业发展方式的转变，强调绿色农产品的生产目标，强调农业的发展要与资源环境相协调统一。

一、农业绿色发展的相关理论

1. 有机农业理论

有机农业理论探索建立了一套有机农业生产标准，在农业的发展过程中，要求遵照这套生产标准，主要表现在不使用化学合成的肥料、农药以及一些生产添加剂和调节剂等，力求循环自然规律和生态学原理，达到农业种植业、养殖业与自然的平衡。有机农业重视可持续发展技术的创新和运用，其主要目标是维持农业生产体系的一种持续发展。

20 世纪初期，法国和瑞士最早提出了有机农业的思想，有机农业的提法最早在一本叫做《Look to the land》的著作中出现，随后，有机农业的标准逐渐被指定，此后发到国家真正开始重视有机农业。农民被鼓励和要求从传统的农业发展向有机农业转变，即鼓励大量农民在种植业的发展中采用有机肥料，在经营养殖业的时候采用有机饲料，后来，从事有机农业生产的农民逐渐增多，有机农业慢慢盛行起来。

2. 生态农业理论

生态农业是以生态学理论为主导，运用系统工程方法，以合理利用农业自然资源和保护良好的生态环境为前提，因地制宜地规划、组织和进行农业生产的一种农业。生态农业是 20 世纪 60 年代末期作为"石油农业"的对立面而出现的概念，被认为是继石油农业之后世界农业发展的一个重要阶段。它主要是通过提高太阳能的固定率和利用率、生物能的转化率、废弃物的再循环利用率等，促进物质在农业生态系统内部的循环利用和多次重复利用，以尽可能少的投入，求得尽可能多的产出，并获得生产发展、能源再利用、生态环境保护、经济效益等相统一的综合性效果，使农业生产处于良性循环中。

3. 可持续农业理论

可持续农业这一概念最早是在 1985 年美国加利福尼亚州《可持续农业教育法》中提出的，该理论是对狭义绿色农业理论的继承和发展。可持续农业理论的目的是重新选择农业发展道路，进而全面、系统地解决人类面临的环境、资源、能源和食物等重大问题。可持续农业日益为世人所接受，并在世界各国政府中得到广泛的推广。1991 年联合国粮农组织在荷兰召开的"可持续农业和农村发展"大会上（王克敏，2001），世界各国达成比较一致的看法，在共同发表的《丹波宣言》中明确提出，可持续发展农业是采取保护自然资源的基础方式，以及技术变革和机制性变革，以确保当代人及其后代对农产品需求得到满足。这种可持续的发展，维护土地、水、动植物遗传资源，是一种环境不退化、技术应用适当、经济上能生存下去以及社会能够接受的农业。

4. 资源稀缺性理论

农业绿色发展的稀缺性理论核心观点是有限开发、有偿使用和知识替代 3 个方面。现代农业的迅速发展，在很大程度上是依靠不可再生资源的破坏性开发和环境的污染破坏而带来的，现代社会，资源已经日益紧缺。这就要求人类采取有限开发的方式进行生产，更多的利用可再生资源。由于一直以来人类认为自然资源与环境是无偿无限的，这就造成了目前巨大的生态赤字。可以毫不夸张地说，人类是在抢子孙后代的饭碗。为了解决这一问题，必须尽快建立有偿利用的机制。另外，目前的资源比较优势正在逐渐地消失，知识替代成为解决资源稀缺性的重要途径。

5. 外部性理论

外部性理论是传统经济学的重要理论，外部性问题被认为是市场失灵的重要表现。而自然资源浪费和环境破坏恰恰是传统经济学视角下的最典型的外部性问题。农业绿色发展理论认为，针对资源环境由于公共物品属性带来的外部不经济问题，需要运用手段明确界定生态资本的产权，并将其价值化，使之真正成为经济运行体系中可以衡量的要素，通过市场机制体现其价值。

二、绿色农业的内涵与特征

1. 绿色农业的内涵

自从 18 世纪工业革命以来，工业革命给人类带来巨大的发展，同时也带来了环境恶化和严重的生态失衡。尤其是在 60—70 年代，经过"绿色革命"的化肥、农药、垦荒等一系列石油农业措施后，使生态环境产生极大副作用。包括：水土流失，土壤沙化、碱化，荒漠化，森林减少，气候异常，灾害频繁，污染严重等。因此许多国外专家学者开始研究环境保护问题，并提出各种各样的农业发展模式，如：美国学者 W. Albreche 于 1971 年首次提出的"生态农业"概念，后由英国学者 M. K. Worthington 加以发展的"自我维持、低投入小农业经营系统。"英国 A. Howard 提出了有机农业；瑞典 H. Mueller 提出生物农业；日本冈田茂吉提出了自然农业；奥地利 R. Steiner 提出了生物动力农业；以及后来美国提出的可持续农业等。1972 年斯德哥尔摩召开的联合国人类环境会议上提出保护和改善人类环境重大问题。1987 年世界环境与发展委员会的《我们共同的未来》提出了可持续发展的概念："既满足当代人的需要，又不对后代人满足其需要的能力构成威胁和危害的发展"。1992 年，在巴西召开的联合国人类环境与发展首脑大会上，通过了《里约热内卢环境与发展宣言》和《21世纪议程》等重要文件，这是人类走向可持续发展之路的重要里程碑，它彻底否定了"高生产、高消费、高污染"的传统发展模式及"先污染，后治理"的工业化道路。它庄严地宣告："全球携手，保持社会经济可持续发展。"

联合国粮农组织1991年提出的关于可持续农业与农村发展（SARD）的定义是：管理和保护自然资源基础，调整技术和机制的变化方向，以便确保获得并持续地满足目前和今后世世代代人们的需要，因此是一种能够保护和维护土地、水和动植物资源，不会造成环境退化；同时在技术上适当可行、经济上有活力、能够被社会广泛接受的农业。尽管这一定义目前尚存争议，但其中的基本因素却是肯定的。首先，概念中强调不能以牺牲子孙后代的生存发展权益作为换取当今发展的代价；其次可持续农业是一个过程，而不是一种目标或模式；第三要求兼顾经济、社会和生态效益。从这样一些因素考虑，可持续农业实际是一把大伞，同时包容了各种流派的思潮，在可持续农业理念的指导下，寻求新的适合不同国家和地区的各种农业生产方式，以取代高耗能、高投入的石油农业。

目前具有代表性的替代农业模式有：有机农业、自然农业、生物农业、生态农业。那么绿色食品生产与可持续农业的关系如何定位？笔者认为，可持续农业的人类和自然的协调、和谐，变征服自然、向自然不断索取为天人合一，共存永昌的指导思想及多学科、跨部门的方法论等对绿色农业生产有同样的指导意义。它从理论基础、指导思想、方法论、技术体系等方面涵盖和指导了绿色农业生产。同时绿色农业生产符合可持续农业的发展思想理念，体现了可持续农业基本特征特性，是可持续农业的一种重要表现形式，应从属于可持续农业，定位于可持续农业下的农业模式，与有机农业、自然农业等模式处于同一层次。具体表述形式见图1-1。

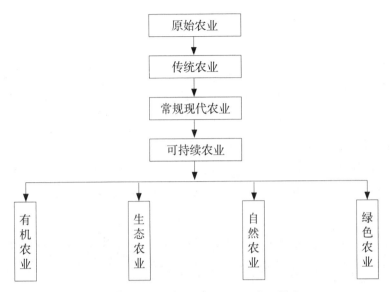

图 1-1　可持续农业涵盖的主要农业模式

对于"绿色农业"的具体内涵，到目前为止还没有统一的定义。在理论探讨中比较典型的定义有以下研究。

中国绿色食品协会的定义，即绿色农业是指以可持续发展为基本原则，充分运用先进科学技术、先进工业装备和先进管理理念，以促进农产品安全、生态安全、资源安全和提高农业综合效益的协调统一为目标，把标准化贯穿到农业的整个产业链条中，推动人类社会和经济全面、协调、可持续发展的农业发展模式[①]。

刘华楠、刘焰教授认为，绿色农业是以可持续发展理论为指导原则，从注重生态平衡，减少环境污染，保护和节约自然资源，维护人类社会长远利益及其长远发展角度出发，在"田间到餐桌"的整个产业链条中以绿色科技创新为依托，并结合传统农业精华技术，生产经营无公害、无污染、有益于人类健康的农产品产业。其产业内容涉及农（种植、养殖业）、林、牧、渔及其副业，农产品加工，农产品流通业，甚至观光农业等，核心是绿色食品的生产经营。它也是农、林、牧、副、渔各业综合起来的大农业，又是把农产品生产、加

①刘连馥．中国食品协会开拓绿色食品国际市场的探索 [OL]．2004-8-31.

工、销售产业链整合起来，适应市场经济发展的现代农业、产业化与集约化经营的农业[①]。

严立冬教授认为，所谓绿色农业是运用经济学原理，以绿色技术进步为基础，充分应用绿色高科技手段，集节约能源，保护与改善农业生态环境，发展农业经济一体，并倡导绿色消费生活方式的可持续农业发展的模式。发展绿色农业应重点加强农业的生态环境建设与发展绿色食品[②]。

刘国涛教授认为，绿色农业就是以可持续发展为宗旨，在环境与经济协调发展思想的指导下，尊重自然规律与经济规律，因地制宜地利用生态学与生态经济学原理和现代科学技术，发展生态农业，推动常规农业绿色化，实现高产、优质、高效目的，达到生态和经济两个系统的良性循环和经济效益、生态效益、社会效益统一的农业模式或农业综合体系[③]。

中国农业大学白瑛教授曾撰文提出的绿色农业的概念：以维护和建设产地优良生态环境为基础，以产出安全、优质产品和保障环境为目标，达到人与自然协调，实现生态环境效益、经济效益和社会效益相互促进的农、林、牧、渔、工（加工）综合发展的施行标准化生产的新型农业生产模式[④]。

综上可见，尽管到目前为止对"绿色农业"概念我国还没有一个权威的定义，但都拥有一个共同的特点，即：在食品生产和加工的过程中严格控制化学肥料、农药等化学物质的使用，以增强食品的安全性，保护资源和环境，以此取得生态、经济、社会三大利益的协调统一。这样的生产模式表述是对绿色食品生产过程的科学准确地概括，在本书中我们引用白瑛教授的绿色农业概念。绿色食品生产过程定义为绿色农业。绿色农业不是传统农业的回归，也不是对生态农业、有机农业、自然农业等各种类型农业的否定，而是避免各类农业种种弊端，取长补短，内涵丰富的一种新型农业。在具体应用上我们一般将"三品"，即无公害农产品、绿色食品和有机食品，合称为绿色农业。

---

①刘华楠，刘焰. 绿色农业：中国21世纪食品安全的产业支撑 [J]. 农村经济，2002（12）.
②严立冬. 绿色农业发展与财政支持 [J]. 农业经济问题，2003（10）.
③刘国涛. 循环经济、绿色经济、法制建设 [M]. 北京：中国方正出版社，2004：99-101.
④白瑛，张祖锡. 试论绿色农业 [J]. 绿色食品通讯，2004（42）：1-9.

根据上述的绿色农业概念，绿色农业内涵包括五个方面。

第一，绿色农业及与其伴随的绿色食品出自良好的生态环境地球为人类提供了良好的气候、新鲜的空气、丰富的水源、肥沃的土壤，使人类能够世代繁衍生息。但是由于人口剧增、经济发展，使资源受到了破坏，环境受到了污染，这种对自然资源的伤害，到最后都反馈给人类本身。于是人们出于本能和对科学的认知，开始越来越关心健康，注重食品安全，保护生态环境。特别是对没有污染、没有公害的农产品备加青睐。在这样的背景下，绿色农业及绿色食品以其固有的优势被广大消费者认同，成为具有时代特色的必然产物。

第二，绿色农业是受到保护的农业绿色农业既是改善生态环境，提高人们健康水平的环保产业，同时也是需要支援，加以保护的弱质产业。绿色农业尽管没有立法，但是作为绿色农业的特殊产品，绿色食品是在质量标准控制下生产的。绿色食品认证除要求产地环境、生产资料投入品的使用外，还对产品内在质量、执行生产技术操作规程等有极其严格的质量标准，可以说从土地到餐桌，从生产到产后的加工、管理、储运、包装、销售的全过程都是靠监控实现的。因此，绿色食品较之其他农产品更具有科学性、权威性和安全性。

第三，绿色农业是与传统农业的有机结合。传统农业是自给自足型的农业。它的优势是节约能源、节约资源、节约资金、精耕细作、人畜结合、施有机肥、不造成环境污染。但是也存在低投入、低产出、低效益、种植单一、抗灾能力低、劳动生产率低的弊端。绿色农业是传统农业和现代农业的有机结合，以高产、稳产、高效为目标，不仅增加了劳力、机械、设备等农用生产资料的投入，还增加了科学技术、信息、人才等软投入，使绿色农业更具有鲜明的时代特征。

第四，绿色农业是多元结合的综合性农业。以农林牧为主体，农工商、产加销、贸工农、运建服等产业链为外延，大搞农田基本建设，提高了抗灾能力与运用先进科学技术水平，体现了多种生态工程元件复式组合。

第五，绿色农业是贫困地区脱贫致富的有效途径。联合国工业发展组织中国投资促进处从 1996 年到 2000 年，曾多次组织专家到绿色产业项目所在地进行实地考察。多数项目地区水质、土壤、大气良好，绿色食品原料资源丰富。

但由于缺少科学规则、市场信息不灵、科技素质低下，一些贫困地区只能出售绿色食品原料，效益不高。实施绿色食品开发之后，贫困地区发挥了受工农业污染程度轻，环境相对洁净的资源优势，原料转化为产品，高科技、高附加值、高市场占有率拉动了贫困地区绿色产业的快速发展，促进了区域经济的振兴。这一点不仅对我国边远山区、经济不发达地区有指导意义，而且对亚洲一些贫困地区脱贫致富也提供了有益的尝试。

我国对绿色农业生产出来的产品有各种称呼，如"绿色食品""有机农产品""无公害农产品"等，并在含义上加以初步的区分，但比较混乱。按国家标准委员会规定：无公害农产品是产地环境、生产过程和产品质量均符合国家有关标准和规范的要求，经认证合格，获得认证证书，并允许使用无公害农产品标志的未经加工或者经初加工的农产品；绿色食品是遵循可持续发展原则，按照特定生产方式生产，经专门机构认定，许可使用绿色食品标志的无污染的安全、优质、营养类食品；有机农产品是纯天然、无污染、安全营养的食品，是根据有机农业原则和有机农产品生产方式及标准生产、加工出来的，并通过有机食品认证机构认证的农产品。这三类农产品中，无公害农产品是对农产品的基本要求，严格来说，一般农产品都应满足这一要求，它在不同的国家有不同的标准。有机农产品的要求则最为严格，不仅在生产加工过程中禁止使用农药、化肥、激素等人工合成物质，也不允许使用基因工程技术，并且在土地生产转型方面有着严格的规定。从原则、目标和方向上讲，绿色农业、有机农业或生态农业均是可持续农业发展理论与实践的模式。在具体途径上，绿色农业和绿色食品更具有中国特色，更适合中国的国情，而且两者之间的关系更加密切。如果从可持续发展整体框架考虑，绿色农业涵盖了有机农业，或有机农业是绿色农业的终极方式，有机农产品应是绿色农产品发展的终极阶段。国外对这类农产品一般称为有机食品，国内则称为绿色食品。我国的绿色食品分为 A 级和 AA 级两种，其中 A 级绿色食品生产中允许限量使用化学合成生产资料，AA 级绿色食品则较为严格地要求在生产过程中不使用化学合成的肥料、农药、兽药、饲料添加剂、食品添加剂和其他有害于环境和健康的物质。按照我国农业部发布的行业标准，AA 级绿色食品等同于有机食品[①]。

2.绿色农业的特征

（1）绿色农业是开放、循环农业

绿色农业是一个开放性的农业生态系统模式，它依赖于现代科学技术的最新成果，依赖于外部系统的物质投入，以获得高产、高质和高效，并获得最佳的经济效益、生态效益和社会效益。应用/绿色技术，发展农业生产，既强调资源的集约利用、节约利用，更强调资源循环利用；只有走循环利用的路子，方能以最少的投入获取最大的产出。从这一意义上来说，循环性是绿色农业的重要特征。

（2）绿色农业是科学、标准化农业

绿色农业是建立在现代科学基础上的，具有时代特色。当今世界上出现的绿色产品，无一不是高科技的物化，是传统的农艺精华与先进的高科技成果有机结合的结晶。绿色农业的标准化则主要体现在以下几方面：一是生产资料标准化，即绿色农业的生产基地以及种子、肥料等农用物资都应符合绿色标准；二是生产加工标准化，绿色农业要求整个生产过程以及农产品的加工、储藏、保鲜等各个环节都要符合绿色的标准；三是包装、销售、消费标准化，即产品的规格和质量及产品的销售都应符合绿色的标准，产品的消费和使用，同样要按照绿色的标准，提倡绿色消费。

（3）绿色农业是安全农业

安全性是绿色农业的本质特征。主要包括两方面的内容：一是绿色农业生产环境的安全性。在正常情况下，动植物自然再生产中所输入的特质和能量具有一定的自然力和适应力，即人工培育的动植物与土壤、气候等环境之间相互制约、相互促进构成一个自我维系的自然体，在自然力和人力的双重作用下具有自我维持、自我重建和修复的能力，这就是农业生产环境的安全性。二是绿色产品对人类消费的安全性。在绿色农业生产体系中，最终生产出来的产品，无论是植物性产品，还是动物性产品，或是经过多个加工环节生产出来的农产

---

①钟雨停，阎书达. 绿色农业初探 [J]. 绿色农业，2004（8）：18-21.

品，都应是符合生产标准的无污染、健康、营养和安全的绿色产品。

（4）绿色农业是可持续发展农业

绿色农业具有可持续性的特质。一是经济的可持续性，绿色农业可优质优价，促进广大农民增收，对我国加速建设小康社会有利；二是资源的可持续性，绿色农业集约利用资源、节约利用资源、循环利用资源，对于建设资源节约型社会具有重要意义；三是生态可持续性，绿色农业强调绿色覆盖，四季常青，对保护生物多样性、提高森林覆盖率、减少水土流失等具有积极意义；四是环境可持续性，绿色农业强调实行清洁生产，做到废物不废，循环利用、变废为宝，化害为利，从而可大大减少环境污染，提高环境质量；五是社会可持续性，由于绿色农业具有经济、资源、生态和环境的可持续性，能维护产品安全、食品安全，这对构建社会主义和谐社会具有不可低估的作用。绿色农业生产与传统农业生产的基本特征比较见表1-1。

表1-1　绿色农业生产与传统农业生产的基本特征比较

基本特征	绿色农业生产	传统农业生产
理论基础	农业可持续发展、农业生态学、环境经济学等	农业生态学、农业经济学理论
经济增长方式	内生型增长	数量型增长
物质运动方式	资源—产品—再生资源	资源—产品—污染排放
环境影响及治理	环境友好型农业模式、强调源头预防和农业全过程控制	以牺牲环境为代价的农业模式、强调末端治理
资源利用特征	低开采、高利用、低排放	高开采、低利用、高排放
生产技术手段	清洁生产技术渗透到生产、营销和环保领域	常规技术手段，较少关注资源利用和废弃物排放
社会发展目标	经济、社会和环境（生态）三者和谐统一	经济利益、资本利润最大化

三、绿色农业发展目标

第一，绿色农业要确保农产品安全。农产品安全包括质量安全和数量安全。绿色农业的发展之所以适应亚太地区发展中国家的国情，主要原因是它能够有效解决资源短缺与人口增长的冲突，这就要求绿色农业要以科技为支撑，利用有限的资源确保农产品的批量生产，满足人们对农产品的需求。与此同时，随着经济发展，人们生活水平的不断提高，绿色农业要加强标准化全程监控，来满足人们不断提高的对农产品质量安全水平的要求。

第二，绿色农业要确保生态安全。生态系统中的物质循环和能量循环在一般情况下是较为平稳的，而生态系统的结构也保持相对的稳定状态，此称为生态环境平衡，通常也叫生态平衡。生态平衡的最显著表现就是系统中的物种数量和种群规模相对平稳。绿色农业通过优化农业的自然环境、强调植物、动物和微生物间的能量自然转移，确保生态安全平衡有序地发展。

第三，绿色农业要确保资源安全。农业的资源安全主要是指水资源的安全问题和土资源的安全问题。农业的资源安全受多种因素的制约（例如：气候、水、土壤、地形等自然条件，动植物品种的产量水平，要素投入的多少以及科技水平和经营管理水平等）。另外，单位面积的土地产出率是有一定的限度的。而在工业化、城市化方面也需要占用农业生产用地、用水和用能等。绿色农业发展要满足人类需求的农产品，就必然需要确保相应数量和质量的耕地、水资源等生产要素。

第四，绿色农业要提高农业的综合经济效益。对于大多数发展中国家，农业在国民经济中的比例虽然随着经济的发展在逐年降低，但由于农业承载的是社会的弱势群体即农民，而且农业担负着人类生存和发展的必备物质——食物的生产，因此，农业经济效益的提高对于国家安全、社会发展的作用也十分重要。提高农业综合经济效益，必然成为绿色农业发展的重要目标之一。同时，绿色农业由于倡导农产品加工和农产品的国际流通等，提高农业综合经济效益也是必然结果。

四、绿色农业发展阶段

随着社会经济的发展和农业种植水平的普遍提高，当前的农产品已经渐渐无法满足人们对于健康和质量的要求，绿色农业便应运而生，走可持续发展的绿色农业道路已成为世界各国农业发展的共同选择。绿色农业的发展主要包括

3 个阶段。

1. 初期探索阶段

1924 年最早的绿色农业在欧洲兴起，20 世纪 30—40 年代在英国、德国、美国等国得到一定的发展。起初的绿色农产品仅仅是为了满足少部分人的需求，包括针对某一类产品和市场自发生产的农产品。英国是最早进行绿色农产品种植、实验、生产的国家之一，组建形成了相关的协会和社团，共同发展探索绿色农业。自 20 世纪 30 年代初英国农学家 A. 霍华德提出有机农业概念并相应组织试验和推广以来，有机农业在英国得到了广泛发展。美国首先提出替代传统农业的是绿色农业，1971 年成立了罗代尔研究所，成为美国和世界上从事绿色农业研究的著名研究所，罗代尔也成为美国绿色农业的先驱。绿色农业在本阶段的发展过程中，过分强调用新技术新手段代替传统，从而实现自然循环的科学模式，但是科学技术的欠缺和广泛的不认同导致绿色农业的发展极其缓慢。

2. 持续关注阶段

20 世纪中后期，发达国家的工业高速发展，所带来的环境污染问题达到了前所未有的程度，工业产生的污染物直接威胁生态平衡和人类健康。发达国家逐渐意识到其危害性，共同遏制以破坏环境为代价的生产活动，以保障人类的生活发展不受影响，从而兴起了以保护农业生态环境为主的各种农业思潮。1972 年在法国成立了国际绿色农业运动联盟。英国在 1975 年国际生物农业会议上，肯定了绿色农业的优点，使绿色农业在英国得到了广泛的接受和发展。20 世纪 70 年代日本提出减少农业污染提高农产品品质的议题。菲律宾是东南亚开展生态农业建设起步较早、发展较快的国家之一，玛雅（Maya）农场是一个具有世界影响的典型，1980 年，菲律宾在玛雅农场召开了国际会议，与会者对该生态农场给予了高度评价。绿色农业发展问题逐渐被全球各国广泛关注。

3. 稳步发展阶段

20 世纪 90 年代以后，绿色农业逐渐进入了稳定发展的阶段。如奥地利 1995 年即实施了支持绿色农业发展特别项目，国家提供专门资金鼓励和帮助农场主向绿色农业转变；法国也于 1997 年制订并实施了绿色农业发展中期计划；日本农林水产省推出了环保型农业发展计划，2000 年 4 月推出了绿色农业标准，于 2001 年 4 月正式执行；美国艾奥瓦州和明尼苏达州规定，只有生态农场才有资格获得"环境质量激励项目"，有机农场用于资格认定的费用，州政府可补助 2/3。绿色农业的发展逐渐变成全球性的议题，被广泛认同和支持，各国政府制定相应的策略发展绿色农业。

五、绿色农业生产补偿的经济学分析

1. 农业环境问题产生的经济学原因

（1）农业生产者的有限理性

农业生产者的有限理性主要表现在：第一，对农业环境的认识有一个历史过程，在农业环境未被污染或污染处于农业环境容许之内，即农业环境并不稀缺时，还不能意识到农业活动对环境的危害。还没有对农业环境形成足够的科学认识，但为追求农产品产量实施了滥用化肥、农药、地膜等破坏农业环境的非理性的行为。第二，即使人们认识到农业环境问题的严重性和重要性，但由于受农村经济发展条件的约束，还是不得不采取以破坏农业环境为代价的农业生产模式。第三，即使上述两个问题都不存在，由于人的机会主义行为的倾向，会做出破坏农业环境的行为。

（2）农业环境问题的外部性

农业环境问题中的外部性表现在：一方面农业环境污染具有很强的负外部性，另一方面，农业环境保护却具有很强的正外部性。由于负外部性的存在，使农业生产经营者按利润最大化原则（私人边际成本＝私人边际收益）确定的产量与按社会福利最大化原则（社会边际成本＝社会边际收益）确定的产量严重偏离。这种偏离导致了农业环境过度利用，农业污染过度产生。有污染的低质量的农产品过度生产。另一方面，农业环境保护是一种为社会提供集体利益的公共物品或劳务，这种物品或劳务一旦被生产出来，没有任何一个人可以被排除在享受它带来的利益之外，因此，它是正外部性很强的公共物品，纯粹的个人主义机制使得农业生产经营者不会主动为它付费，造成了农业环境保护这种公共物品的生产严重不足，有时甚至会出现供给为零的局面。

2. 绿色农业生产补偿是我国现阶段解决农业环境污染问题的理性选择

理论上讲，农业污染当然可以采取政府管制和征税（或征排污费）的方式解决，但是农业污染有其特点：一是污染隐蔽性强。隐性污染源大大超过显性污染源。二是技术操作困难。政府难以制定一套以技术检验为基础的条例用于指导带普通性的农业环保实践。由于从事农业的地区，其气候、土地、水文、地形以及地貌等存在有很大的不同，这就必然使各种农业活动产生很大的差异。这种不确定性和多变性给立法部门和执法部门均带来了无法操作的困难。三是我国农业生产科技含量较低。农业粗放型的生产方式普遍存在，农民收入较低，农民承担污染税或排污费的能力较弱。农业污染的这些特点不太适合采用通常的治理污染方式，而更加适合采用补贴的方式进行。长期以来，我国对农业实行多种补贴，极大地促进了农业的发展，但是我国的农业补贴大多没有和环境保护挂钩，有的甚至起反作用。因此，转变农业补贴的补贴方式，实行"绿色农业生产补偿"是解决农业污染问题的理性选择。

3. 绿色农业生产补偿的理论效应分析

绿色农业生产补偿可以促进农业生产者减少化肥、农药等的使用，促进绿色农产品的生产，减少有污染的低质量的农产品生产，以下分析以绿色农产品生产为例（图1-2）。图1-2中 P 表示市场价格，Q 表示行业的产量，q 表示绿色农产品的产量，MR、MC 分别表示边际收益与边际成本，PMR、SMR、PMC、SMC 分别表示私人边际收益、社会边际收益、私人边际成本、社会边际成本、XR 表示外部收益。在图 1-2（b）中，追求利润最大化的农业生产者会把产量定在 q_0 处（按 $PMR=PMC$ 的原则），而社会最优的产量应在 q_1 处（$SMR=SMC$ 的原则）。如果不采取补贴手段，这个农业生产者就没有动力把产量扩大到 q_1。现假定政府向绿色农产品生产者支付 XR 数量的补贴，生产者就会将产量由 q_0 扩大到 q_1。产量的扩大使整个行业的供给增加，图 1-2（a）中的供给曲线由原来的 S_0 移向 S_1，均衡价格由 P_0 下降为 P_1，均衡数量由 Q_0 扩大到 Q_1。

$$Q_0=\sum_{i=1}^{n}q_0i, \quad Q_1=\sum_{i=1}^{n}q_1i \quad (i=1, 2\cdots n)$$

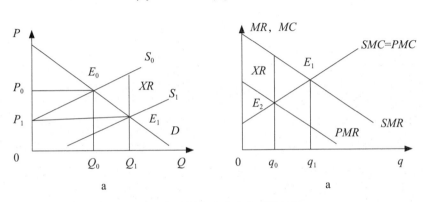

图 1-2　对绿色农业生产者的补偿

这就是说，政府提供补贴后，刺激绿色农产品生产者扩大产量，让更多的资源从其他用途中转移过来，用来增加这种产品的生产。那么，补贴的具体效应又是怎样的呢？现对图 1-2（a）进行深入分析，如图 1-3 所示。政府给绿色农产品生产者补贴等于外部收益 XR 的数量，在图 1-3 中也就是（P_2-P_1）。这一补贴对不同经济主体的影响是不同的。补贴后的社会净收益（NR）是：生产者剩余加上消费者剩余，再加上环境收益，再减去政府补贴，即 $NR=P_1E_1BP_3+P_0E_0E_1P_1+AE_0BE_1-P_1E_1AP_2=E_0E_1B$，可见，对绿色农产品生产者补贴，从整个社会来看可以获得三角形 E_0E_1B 面积的净收益。显然，这种补贴是可取的。

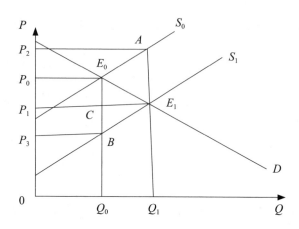

图 1-3　绿色农业生产者补偿的效应

4. 绿色农业生产补偿的实施效应

（1）较好的调节外部效应，使外部效应内部化

绿色农业生产补偿的实施可以调节农业生产的外部效应，使农业生产所产生的污染这一外部负效应得以内在化，一定程度上使农业生产的成本与收益能接近相应的社会成本与收益，有效地解决了以往大量存在的农田结合部的土地污染问题。同时，给农民更大的自由度去选择他们自己愿意种植的农作物，鼓励了农民种植品种的多样化，对改善土壤、水质、提高工效、减少温室效应起了决定性的作用。

（2）兼顾公平与效率

依据环境保护标准对休耕地面积进行适当的调整，兼顾了公平与效率，保护了土地。以往的农业补贴大多流向地多且富裕的农民，这种做法既无效率，也有失公平。绿色农业生产补偿是农民为环保作出贡献的补偿，从实施效果来看，既鼓励了农民的耕地保护行为，减少了农业污染，也在一定程度上兼顾公平与效率。

（3）提高农民环保的自觉性

传统的农业补贴，农民虽然有环保意识，但难以主动付诸行动，绿色农业生产补偿的实施一定程度上能促使农民主动采取环保行动，克服了以前单纯以条例对农业进行环保管理的缺陷，使农民能在市场的作用力下自发保护耕地。

（4）节约财政资金

政府可以集中资金优势，利用节省下来的资金对农业污染项目进行重点治理或用于农业环保橄育和农业生态研究，加强环境监控和提高测试手段，以及加快发展新的环保技术。

第二章　国内外绿色农业发展现状分析

20世纪50年代以来，石油农业在发达国家迅速发展，致使农业生产严重依赖化肥、农药等，不仅诱发大气、水体和土壤污染，还导致粮食、蔬果、畜牧产品等残留的有毒成分增多。就实质而言，这是一场人、社会与自然环境间关系失调的严重危机。痛定思痛，人们意识到，"高投入、高消耗、高污染、低效益"的"三高一低"型农业生产经营方式，是导致生态环境危机爆发的导火索。

生态农业最早出现于20世纪20年代的欧洲，起初只是由个别生产者针对局部市场需求，自发地生产某种产品；到了30—40年代，生态农业在瑞士、英国等地得到发展；60年代，欧洲许多农场转向生态耕作；70年代后，各种以保护农业生态环境为主旨的替代农业思潮开始出现。法国、德国、荷兰、英国等西欧发达国家积极开展有机农业运动，并于1972年在法国成立了国际有机农业运动联盟。与此同时，日本也提出生态农业发展计划，把重点放在减少农田盐碱化和农业面源污染上。

1992年，联合国环境与发展大会发布《里约宣言》和《21世纪议程》，确立了可持续农业的重要地位。至此，建设生态农业和走可持续发展道路，成为世界各国农业的共同选择。发展中国家也开始积极研究和探索绿色食品生产。

一、国外绿色农业发展的现状

1. 国外绿色农业生产面积

目前，全球已有100多个国家和地区在结合其自然环境和社会条件基础上进行绿色农业的实践，绿色生产的土地面积持续增加。据统计，全球目前共有2 400万公顷的土地进行绿色生产，其中名列前三位的国家依次是澳大利亚约

1 000 万公顷、阿根廷约 300 万公顷和意大利约 120 万公顷（表 2-1）。

表 2-1　全世界绿色生产土地面积超过 10 万公顷的国家概况

国　家	有机农业面积（公顷）	占农业面积比例（%）
澳大利亚	10 654 924	1.62
阿根廷	3 000 000	1.77
意大利	1 208 687	6.46
美　国	900 000	0.22
德　国	452 279	2.64
英　国	380 000	2.40
西班牙	352 164	1.37
法　国	316 000	1.12
奥地利	287 900	8.43
加拿大	188 195	1.08
瑞　典	174 000	5.60
芬　兰	147 423	6.79
丹　麦	146 685	5.46
捷　克	110 756	3.15
比利时	100 000	1.34
中　国	8 517	0.002
全球总计	15 813 817	—

资料来源：FAO

　　1972 年，由来自法国、美国、英国、瑞典和南非 5 个国家的代表，在法国发起成立了"国际有机农业运动联合会"（International Federation of Organic Agriculture Movements，IFOAM），致力于拯救农业生态环境和促进健康农产品的发展，专门组织生产和监制无污染、无公害的绿色农产品。经过 30 多年的发展，迄今已有 110 多个国家的 700 余个集体会员参加了该组织。中国是其亚洲分会的重要组成部分。在 IFOAM 的倡导下，近十多年来，绿色农业和相应的绿色食品的生产、贸易得到了很大的发展。目前，全世界已经有 60 多个国家开始制定或已完善自己的绿色农产品标准体系，美国、英国、日本、加拿大、瑞士、瑞典、澳大利亚、丹麦等发达国家都制定了绿色农产品标准，完成了绿色农业发展政策、技术标准、管理体系、市场营销、科学研究等体系的建设。限止使用化学品，提倡农业生产系统的自我维持和调控思想是这类农业技术应用的基本原则。对未来绿色农产品市场发展非常重要的一个问题，是世界范围内有机农业标准的统一和国际化。国际有机农业运动联盟（IFOAM）的基本标准属于非政府组织制定的有机农业标准，尽管它属于非政府标准，但其影响却非常之大，甚至超过了国家标准。联合国食品法典在有机部分中制定了全球国家政府层面上的有机标准。其中，欧盟、美国和日本等首先完成了绿色农业标准的制定，管理体系上形成了以政府农业主管部门牵头，认可机构和海关等其他部门配合的组织形式，标准、法规也相对完善。《欧盟有机农业条例》自 2000 年 8 月 24 日正式生效，所有进口到欧盟的绿色农产品的生产过程都要符合欧盟的有机农业标准。以欧盟标准为范本，美国在 2002 年颁布了有机农业计划，并把检查、认证等标准完整地列入，仅允许符合该计划规定的绿色产品在美国市场销售。日本的绿色农业标准于 2001 年 4 月正式实行，在具体内容上与欧盟标准有 95% 是相似的。印度、中国和巴西等国紧随其后，也正积极制定本国绿色农产品的有关标准。

2. 国外绿色农业生产补偿政策

（1）美　国

目前，美国已成为世界上最大的绿色农产品生产国之一，2010 年绿色农产品销售额已达到 430 多亿美元。2002 年颁布的《农业安全及农村投资法》加了对绿色农业的支持，包括环境质量鼓励、环境保护储备、草原储备、湿地储备、野生动物栖息地鼓励、资源保护和发展等计划预算，其中，环境质量鼓励计划高达 90 亿美元。1947 年美国国会通过《联邦杀虫剂、杀真菌剂、灭鼠剂法案》，设立了杀虫剂登记制度。美国政府非常重视绿色农业发展过程中的环境问题，先后制定了一系列资源保护政策，包括土地休耕计划、在耕土地保护政策、环境质量激励政策等，并从资金和技术等方面支持农民在农业生产过程中充分考虑生态问题。

美国制定绿色农业补贴政策，逐步将农业补贴转化为农业污染补贴，使农业生产所产生污染的外部负效应得以内在化[1]。2002—2011 年美国政府农业补贴金额达到 1 900 亿美元，年均法定农业补贴 200 亿美元。此外，美国先后颁布了《有机农业法》《土壤保护法》《有机食品生产法》《有毒物质控制法》《联邦环境杀虫剂控制法》等，来解决农业资源和生态环境问题，推动了美国绿色农业的良性发展。

1936 年，美国实施"土壤保护与家庭分配法"，该法首次规定了有关土地保护的条款。1956 年的农业法为提高土壤质量和提高产量，创建了土壤银行，向农民提供退耕补贴。1973 年，《农业和消费者保护法》开始实施，通过实施农村环境的保护计划和水银行计划，并签订长期合同（25 年）来对农村生态环境进行保护。1977 年，发布《粮食和农业法案》，农业部开始在农村寻找治理泥沙的污染和提高水质的途径，对点污染源和面污染源提出解决方案。1985 年的《食品安全法》重点提出了水土保持对粮食生产力的重要性。从 20 世纪 90 年代起美国便开始对农业进行"绿色补贴"，要求受补贴农民必须检查自身环保行为，除此之外还暂行减免农业所得税；在生态农作制度改革过程中，为了引导农场采用休闲方式降低生产成本与保持水土，美国政府制定了休种补贴政策，对农户进行直接的补助补贴。

2002 年至 2007 年间，美国投资 220 亿美元用于农业资源保育计划项目，主要包括土地休耕计划、农田水土保持、湿地保护、草地保育、农田与牧场环境激励项目来提升农产品所依赖的水土环境。政府对湿地、水土保持、空气、水资源保护，以及动物粪便和污水处理等也采取财政补贴政策，由联邦政府、州政府在预算中安排资金，采取自愿和招投标方式确定具体补贴对象，对补贴程序和条件的规定比较严格。2007—2012 年新农业法涉及金额 2 900 亿美元，其中 400 亿美元用于农业补贴，300 亿美元用于鼓励农民休耕土地和其他环境保护项目（四川省农业厅，2008）。

为巩固并持续占有全球有机农产品市场，不断奖励优质农产品生产，同时

---

[1]徐晓雯. 美国绿色农业补贴及对我国农业污染治理的启示 [J]. 理论探讨，2006（4）：70–72.

为提高生产优质安全农产品农民的生产积极性，美国政府持续加大对有机农业的补偿政策与认证经费补贴。例如 2002—2007 年，美国政府每年出资 1 350 万～ 3 000 万美元扶持并资助有机生产者，农业部每年投入 100 万美元的项目资金给予美国农产品销售局（AMS），此外还对经农业部审批同意的 15 个州的每个有机食品生产者，农业部给予一次性 500 美元的认证经费补贴；《2008 年粮食、环保与能源法》中包含一项"有机农业计划"，主要为加入"有机农业计划"，落实"有机生态系统实施方案"的农场主提供资金和技术援助，不过每位有机农场主每年获得的资助不可超过两万美元，六年内累计不超过八万美元。美国农业部数据显示，2010 年申请参与"有机农业计划"人数为 1 384 人，2011 年 1 667 人，其中 83% 成功获得资助。美国联邦政府从 2008 年至 2012 年四年间每年平均支出约 170 亿美元，来落实 2008 年农业法案，占其农业开支的 0.13%（王宗凯，2009）。《2012 年农业改革、粮食与就业法》延续对有机农业支持政策。

先进的技术支持与规模化生产助推了美国农产品质量安全水平的提高。美国大农场大型农机普及程度非常高；通过遥感测控系统，来检测农产品生长情况、土壤肥沃状况、水分含量，自动判断施肥与浇水时间，精准投放农药和化肥；同时，美国规定在农药化肥使用说明上应明确列出最高单位土地用量、每次作业最小间隔期和收获前禁止施药期等规定，控制农产品的农药残留量；美国政府要求农民进行施药施肥记录，会不定期检查，并根据需要提供针对性技术支持；农场饲养的牲畜为玉米、大豆等提供部分有机肥料，但是在使用牲畜粪前，必须先将样品送至检验基地，测出粪便中氮肥含量，以此确定单位土地施用量，避免施肥过度或不足；为避免农药和化肥流入河中，多数农场都在河流附近设置缓冲带，此处不种植农作物，而是任由杂草生长，以吸收雨水冲刷过来的农药和化肥。规模化生产是美国农业生产的基本特征。经过农场间不断的破产兼并，2006 年相比 1950 年，农场平均规模扩大了一倍多（周立，2008），但一改传统多品种种植，3/4 的农场所生产的产品种类不超过 3 种。农业的高额补贴与规模化生产，造就了很多著名的生产带，如玉米带、小麦带、棉花带等。规模生产便于专业化生产管理、检验检测、便于认证操作、标准化生产技术规范，从而对生产过程按照法律、认证等标准进行统一种植、采摘、抽样检测和控制，确保农产品质量，实现规模经济节约成本。此外，大规模土地便于根据生产进度安排轮耕和免耕面积，保护土质，进而提高农产品质量，又能确保产量。

（2）欧　盟

第一，欧盟农业补贴政策。欧盟的农业补偿政策以政府提供农业补贴为主要形式。共同农业政策（CAP）是欧盟实施的第一项共同政策。根据政策目标和时间跨度细分，CAP 主要经历了三大阶段（表 2-2），2003 年之前补贴政策倾向于价格支持与直接补贴，之后欧盟逐渐改直接补贴为间接补贴，倾向于加强生产者支持和促进农业可持续发展，更加注重农业服务体系建设、农业科技推广、生态环境建设、农业基础设施等间接补贴政策。

表 2-2　不同阶段欧盟农业生产补贴政策

年　份	政策目标	补贴政策内容
1961—1984 年	鼓励生产：促进农业劳动生产率提高，增加农民收入，稳定农产品市场，保障供给，确保农产品合理售价。	①建立欧洲农业指导和保证基金，统一农产品市场和价格，补贴农产品出口；②设置随市场供求变化而调整的差价税、配额等，使欧共体农业免遭外部廉价农产品竞争。
1984—2003 年	控制生产：进一步降低国内支持价格、开放市场和结构调整，并提出建立欧洲农业模式，将 CAP 转变为"共同农业和农村发展政策"。	大幅降低国内支持价格水平并引入蓝箱政策，进行与生产挂钩的直接补贴，过去以价格支持为基础的实施机制过渡到以价格和直接补贴为主的机制。
2003 年至今	安全生产：加强生产者支持和促进农业可持续发展。	①欧盟向农场支付补贴不再与产量挂钩，更注重对环保、食品安全和动物福利标准的遵守；②欧盟对农村发展注入更多资金，改善环境、提高产品质量及动物福利标准；③减少对大型农场直接支付，节约的支出全部用于农村发展项目。

第二，欧盟绿色农业生产补贴政策。欧盟农业补贴具体政策越来越倾向于绿化、脱钩、收入支持等方向，一方面注重加大对农业保险的支持力度，另一方面非常注重农业科技产学研一体化，促进科技推广与实践，同时对农业生力军青年农民的素质与能力培养高度重视，多维度投入促进优质农产品与农业的长远发展。为促进农田保持良好的生产及环境条件，欧盟 2003 年开始实施单一支付计划（Single Payment Scheme，SPS）。该计划属于"绿箱政策"，为转变以往与农业生产挂钩的补贴方式确定方向。SPS 计划中多项措施均与环保、食品安全以及动物福利标准相结合，并通过充足的资金保障与多项措施来要求和促进农田保持良好的生产及环境条件。2012 年在环保措施维度上，除保证原有支持力度外，CAP 新议案还明确表示 SPS 补贴的 30% 用来推进环保的执行，要求农场将 7% 的土地用来促进环境保护。SPS 模式有 3 种，欧盟成员国/地区可以自由选择，第一种模式是以农民历史上所获补贴为基数进行补贴，第二种模式是按照每公顷相同支付标准进行补贴，第三种是上述两种模式的混合（张红宇，2012）。例如，英格兰政府每年会向大约 10.5 万个农场发放 17 亿英镑（1 英镑约合 10.01 元人民币，2012）SPS 补贴，平均每公顷 320 英镑。农民要最终获得补贴，必须按照"交叉遵守"（Cross Compliance）的相关标准和规定进行农场的生产和经营，如 16 条关于良好农业和环境条件标准的规定，18 项关于动植物、食品、环境卫生的标准要求，以及在经营中保持一定比例的永久性草地和维持生物多样性等法定管理要求。苏格兰政府利用欧盟提供的资金，每年发放 5 亿英镑 SPS 补贴用来补贴 2 万个农场，其中对牛犊的补贴费用达到 2 000 万英镑（张红宇，2012）。

从 2005 年开始，欧盟大幅度增加农村发展资金，用于优质农产品生产补贴，旨在提供高质量的农产品服务。主要体现在四个方面：一是优质农产品生产补贴，鼓励农民生产优质农产品满足市场上消费者对农产品高质量的需求，此项补贴每个农场每年最高额为 3 000 欧元，最长持续 5 年；二是标准农产品补贴，鼓励农民按照欧盟标准进行农产品种植生产，此项补贴每个农场每年最高额为 10 000 欧元，最长持续 5 年。同时可以提供不超过 1 500 欧元的咨询费用补贴；三是对高标准饲养畜牧农民进行补贴，欧盟组织会根据在饲养过程因采取高标准所带来的额外成本进行评定，每年每个牲畜单位（成牛）补贴不超过 500 欧元；四是对从事农业生产的青年人进行投资补贴，来鼓励青年人从事并潜心进行农业生产，为农业的可持续发展储备劳动主体和智力。

（3）德　国

德国的绿色农业大约兴起于 20 世纪 60 年代末 70 年代初。"二战"后，为了满足对农产品，特别是粮食市场的需求，在广泛采用现代农业先进技术的同时，化肥和农药的使用量也大为增加，结果使农产品供应总量得以显著增长，农产品自给率达到 80% ～ 90%，部分产品出现过剩。然而，大量使用化肥、农药造成的环境污染等副作用也显而易见。为缓解这一问题，德政府开始采取降低农产品价格，实行农地休耕，减少化肥和农药施用量，提高农产品质量，保护生态环境等措施。德国的绿色农业也由此应运而生，虽然有浓厚的传统农业色彩，但在发展中却融合了现代管理思想，进行规范化生产和经营。

德国是欧盟境内最大的生态农产品销售市场，巨大的需求使得生态农产品的生产保持着不断增长的趋势。经过 30 多年的发展，德国现有绿色农业企业 6 000 多家，占全国农业企业的 1.1%；经营面积达 30 多万公顷，占农用土地的 1.8%；其产品的市场占有率为 2% ～ 3%。农户往往以一业为主，多种经营，产品主要是粮食，其次为水果、牛奶等。凡绿色农业产品均贴有专门标志，通过常规渠道或专营小型市场进行销售。由于绿色农业产品的产量一般较常规产量低 30% ～ 40%，为保持效益，其价格则高于普通产品约 2 ～ 3 倍。

2001 年年底，德国联邦政府开始实施"联邦生态农业建设规划"，从国家财政预算中拿出专款发展生态农业。2011 年，欧盟、德国联邦和各州政府对生态农业的资金投入共计约 1.6 亿欧元。德国联邦食品、农业和消费者保护部表示，为更有效地促进生态农业发展，将于 2014 年进一步提高对生态农业转型的补贴。巴伐利亚州是全德国率先促进农户经营生态农场的联邦州。2008 年初，该州"自掏腰包"对转型种植生态作物的农户提高补贴额度，鼓励他们从事生态农产品生产，提升生态农业在农业生产中的比重。目前，有三分之一的生态企业都来自巴伐利亚州。

2001 年 9 月，德国政府推出了"绿色生态"农业计划，决定采用先进技术，提高"绿色农产品"的比例，并提出了一个量化指标：要在 10 年内将德国采用"生态农业"方法耕作的农田，从当时占农田总量的 3.2% 增加到 20%。为了推动生态农业的发展，德国成立了生态农业促进联合会。其成员的共同行为准则是，要保护好自己生存环境里的生态平衡，要用农家肥来增加土壤肥力，用生物方法来防治作物的病虫害，自己饲养家畜，自己种植饮料作物或牧草，注意轮作等。总之，不能使用化肥、化学农药和除草剂。许多大学和研究部门都设置了生态农业专业。德国已经成为当今世界生态农业发展最快的国家之一。德国政府每年拨巨款用于发展能源作物（即可代替矿物资源、化工原料的高附加值经济作物）的种植，全国也有 20 多所大学、科研机构协助农民发展能源作物种植。到 1999 年，全国能源作物种植面积已占总耕地面积的 6.5% 以上，在德国化工领域，植物能源的使用量占其整个能源使用量的比例已高达 12%。在德国各地广泛种植的油菜籽，已成为能源、化工部门收购的重要作物之一，马铃薯和玉米也成了许多工业企业的替代原料。

在德国，发展绿色农业是农民的自发行为，但德国政府仍积极采取措施，促进绿色农业发展。一方面，通过财政资金与促进农村发展的欧盟资金相配合，支持农业企业一体化、林业、水利和海滨的保护、市场结构的改善等；另一方面，通过对农民生产的基本补贴、对绿色产品的强制性额外补贴、对自然条件恶劣地区的额外补偿、对特定行业和地区的主动补贴等政策，向农民提供直接补贴。另外，绿色农业的生产和经营者也会得到一些工商企业和社会团体的各种形式的支持和赞助。德国联邦政府和各州政府都采取资金补贴措施，积极发展绿色农业，从农业大学的课堂到农民家庭企业，都把发展绿色农业作为明确的理念。德国还制定了较为详细的有关绿色农业的法律，如：《种子法和农作物保护法》《肥料使用法》《自然资源保护法》《土地资源保护法》《垃圾处理法》《水资源保护法》等，进一步规范了绿色农业的生产和发展。

（4）法国绿色农业生产补偿政策

法国是欧洲第一农业生产大国，其农业产值占欧盟农业总产值的 22%，农产品出口长期位居欧洲首位。近年来，随着环保理念越发深入人心，对生态农产品的市场需求快速增长，法国农业逐步走上了生态发展之路。在法国，绿色农业是指在农产品的生产、仓储、保鲜中不使用合成化学产品，不采取转基因技术的农业。1986 年，法国正式创立用于绿色农业的符号 "AB"。只有 95% 以上原料是生态绿色原料的农产品，才有资格获得 "AB" 标志。目前，法国从事绿色农业生产的农地面积达到 84.5 万公顷，占农地总面积的 3.09%。从事绿色农业的经营者超过 3 万个，绿色农产品分销商 2 819 个。2010 年，绿色农业总营业额 33.8 亿欧元，绿色食品市场占到食品市场份额的 2%。

为了减少农作物农药使用，2007 年农业部推出了 "生态植物计划"。法国规定对绿色产品的生产者和加工者进行强制性认证，种植者每年要接受定期与不定期检查，对符合条件的颁发绿色农产品书面认证。2008 年法国政府制定了 "绿色生态农业与食品加工业 2012 远景计划"，设立了 1 500 万欧元的 "绿色未来基金"[①]。旨在提高绿色生态农业产量，力争绿色农业耕种面积占可耕地面积的 6%。政府还对从非绿色农业向绿色农业转变的农户提供免税等优惠待遇，支持农户从非绿色农业向绿色农业经营的转变，同时绿色农业经营者可享受地方政府的 5 年内减免地税等优惠。此外，政府还不断加强对绿色农业生产的技术支持和人员培训。

法国对传统农业转变为绿色农业生产的限制比较多。要取得认证，绿色种植者每年要接受三项检查，并有一项是不定期检查。这种检查每年的费用大约为 500 欧元，由农业生产者支付。在法国，有绿色标志的产品平均要贵出 57%，像绿色面粉是普通面粉价格的两倍。

（5）日　本

日本是一个特别注重农业生态环境保护的国家，其环境补偿政策主要体现在对 "环境友好农产品" 补贴政策上。"环境友好农产品" 是指农产品生产中通过采用清洁栽培技术、适当使用堆肥、回收废弃农用塑料、污水排放合理等措施提升农产品与环境的质量安全。从补贴方式看，分为直接环境补贴和间接环境补贴。

目前，日本从事绿色农业生产的农户占农户总数的 30% 以上，提供的绿色农产品达到 130 多种。1992 年制定的《新的食品、农业、农村政策方向》

---

①刘卓．绿色农业：悄然走入生活 [N]．经济参考报，2012-08-23．

中提出"环境保全型农业"的概念，并把有机农业作为环保型农业的一种形式。1994 年颁布"推进环保的概念，并把有机农业作为环保型农业的一种形式。1994 年颁布"推进农业的基本见解"，1998 年公布了《有机食品基本标准》[①]。农林水产省制定了一系列政策，扶持绿色农业的发展，如为农户提供各地绿色农业土壤改良、病虫害防治等技术的信息，对建设、健全堆肥供给及其有机农业产品装运设施补贴制度，为绿色农业经营者提供无息贷款等。日本还确立了有机农产品和绿色农产品的生产技术路线和检查认证制度，颁布了一系列农业环境保护政策，如：《食物、农业、农村基本法》《家畜排泄物法》《持续农业法》《肥料管理法》和《食品废弃物循环法》等。

从直接环境补贴方面看，2003 年起，日本部分县开始实施"农业环境直接补贴制度"，政府对生产情况进行确认后，农户一方面可以获得"环境友好农产品"的认证，而且可以得到环境直接补贴，补贴金额参照"环境友好农业"与"常规农业"的产量、市场价格以及为生产环境友好产品所增加的额外成本比较进行确定。通常情况下，"每 1000 平方米（合 1.5 亩，1 亩 ≈ 666.7 平方米，1 公顷 =15 亩）的补贴标准为：3 公顷以下的水稻为 5 000 日元（约合 350 元人民币），超出 3 公顷的部分是 2 500 日元；设施蔬菜（包括芦笋、黄瓜、番茄、草莓、甜瓜）为 3 万日元；露地和其他设施蔬菜为 5 000 日元；果树（包括葡萄、桃、梨、无花果等）为 3 万日元，其他果树为 1 万日元；茶 1 万日元"（杨秀平，2010）。政府为鼓励提升农产品质量，提出凡本地区取得特别栽培农产品认证的农户数量在 80% 以上，政府会对针对该地区直接支付 20 万日元，针对农户根据其种植面积进行直接补贴支付。

从间接环境补贴方面看，《可持续农业法》规定，农民一旦获得生态农户认证，除在规定范围内使用生态农户标志外，还享有农业改良资金、税收优惠、无息贷款等惠农措施。其中针对持续型生态农户的农业改良资金偿还期限还可由 10 年延长到 12 年，农业机械设备第一年将设备折旧率定为 30%，也可选择免除 7% 的税额。"农业环境三法"是为保障农业可持续发展的具体法规，为鼓励农民实践法规，政府会返还 16% 的堆肥化设施等所得税和法人税，

①张术环. 日本实施环保型农业政策的绿色营销背景及启示 [J]. 前沿，2010（9）：81-83.

同时设定减半的固定资产税的特例。同时，日本政府通过制定质量安全补贴来确保农产品的新鲜度和安全度。2005 年《确保食品安全安心的补贴金实施纲要》明确规定，政府承担不超过为确保新鲜农产品安全对各都道府县、市町村和产地进行调查研究、追踪检查、实证核对、资料购买打印等实际开支费用的 50%。

（6）韩　国

在农业生产发展的过程中，韩国较早认识到现代农业在给人们带来高效的劳动生产率和丰富的物质产品的同时，也造成了生态危机。首先，由于依赖高投入求增产，农业生产伴生环境污染。韩国农药施用量在 1980 年为 1.61 万吨，而到 1991 年达到 2.75 万吨，到 1997 年减少到 2.42 万吨，但是单位使用量几乎没有减少，约为 11 千克 / 公顷；化肥施用量 1980 年为 83 万吨，而到 1990 年达到 110 万吨，到 1997 年减少到 90 万吨，但是单位施用量几乎没有减少，约为 420 千克 / 公顷；农用塑料垃圾每年产生约 92 万吨，而回收率 1995 年为 46%，1997 年也只有 57%；畜产粪尿发生量 1991 年为 3 580 万吨，而到 1997 年达到 4 570 万吨。在农业生产中过多使用农药导致土壤微生物和害虫天敌的减少等生态系统的扰乱、土壤和水的污染、农产品中残留农药；化肥的过多使用导致土壤酸性化、盐类积聚、地表水富营养化；农用塑料垃圾导致土壤和农村环境污染；畜产粪尿的管理跟不上导致地表水富营养化乃至污染、恶臭及病虫害的发生等问题。其次，消费者对农产品的关心转向安全性。再则，需要适应国际环境保护和亲环境农业发展要求。因此，农业部门责无旁贷地需要履行环境保护相关国际义务，同时为抵制国际农产品的冲击，需要强化本国农业的环境保护力度。

为了应对生态危机，减少农业生产所带来的环境污染，韩国政府首先通过立法对农业生产进行规范，培育农民开展亲环境农业，实现农业可持续发展和环境的改善。韩国政府于 1997 年颁布了《环境农业培育法》，又将 1998 年定为"亲环境农业元年"并发表了元年宣言《亲环境农业培育政府》。2001 年，韩国政府出台了《亲环境农业培育法》，对亲环境农业的内涵和未来发展进行了界定和规划，明确了政府、民间团体和农民各自应履行的责任，为亲环境农业的发展奠定了法律基础。其中的亲环境农业直接支付制度就是对从事绿色农业生产的补偿。为了补偿实践亲环境农业的农民可能遭受的收入减少，奖励农业、农村的环境保护和安全农产品生产，1999 年韩国政府开始引进并实施亲环境农业直接支付制度。亲环境农业直接支付制度是指政府向亲环境农产品生产者即获得亲环境农产品认证证书的农民，直接支付补助金的一种支援收入的政策，与提高价格收购政策等形成对比。韩国所实施的直接支付政策支援力度，以 2003 年为例，旱田中有机、转换期有机农产品生产地为每公顷 663 美元，无农药农产品生产地为 563 美元，低农药农产品生产地为 437 美元。水田中有机、转换期有机农产品生产地为 643 美元，无农药农产品生产地为 543 美元，低农药农产品生产地为 417 美元[①]。

与亲环境农业直接支付制度相配套，韩国政府为了通过发展亲环境畜产业改善农村景观、减轻环境负担等，构筑可持续畜产基础，从 2004 年开始尝试亲环境畜产直接支付制度即政府向参与政府的亲环境畜产发展计划的农民补偿因参与而导致的收入减少，或支援所需追加费用。亲环境畜产直接支付制度支援对象应在最近 2 年内没有因违反《家畜传染病预防法》《有关污水、粪尿及畜产废水处理法律》而受到行政机关等部门的行政处分，没有因畜舍内及周边环境不清洁而发生民事纠纷，并且满足亲环境畜产业发展要求，即基础项目条件和激励项目条件。其中，基础项目条件为，以养猪和鸡为例，降低饲养密度，保证粪尿产生量比通常（允许）标准低 20%～30%，同时把产生的粪尿按相关规定全部堆肥化和液肥化。另外，不论饲养何种家畜，都要在一定期间禁止使用抗生素类药，参加并完成专门机构举办的环境、防疫教育。激励项目条件为在畜舍及粪尿处理设施周边栽植景观树。直接支付每户支援额上限为，以 2004 年为例，满足基础项目条件的为 1.08 万美元，满足激励项目条件的为 0.17 万美元，共 1.25 万美元[②]。

---

① [韩] 农林部. 2003 亲环境农业直接支付事业, 2003, 第 1 页.
② [韩] 农林部. 2004 年度亲环境畜产直接支付示范事业施行指南, 2003, 第 2 页.

3. 国外绿色农业生产补偿对我国的启示

（1）绿色农业生产补偿是农业发展到一定阶段的必然选择

在各国农业发展的初期，各国政府致力于加强农业基础设施条件建设，努力提高农产品的数量，满足国内日益增长的需求，以夯实国家粮食安全的基础。当经济不断发展，经济危机或工农剪刀差出现时，农民收入水平低下，各国政府开始采取实施保护价等措施，以增加农业的收入水平，保持农产品贸易的国际竞争力。随着各国经济水平的不断提高，财政支持农业发展的能力不断增加，有了进一步加大农业支持，提高农业补贴水平的基础。与此同时，生活水平的不断提高，人民开始更加关注健康，关注农产品的质量安全。推进农产品质量安全水平已成为农业发展到一定阶段的必然要求。美国 1956 年的农业法为提高土壤质量和提高产量，创建了土壤银行，向农民提供退耕补贴，之后实施了多项农产品质量安全补偿计划。为促进农田保持良好的生产及环境条件，欧盟 2003 年开始实施的单一支付计划（Single Payment Scheme，简称 SPS），为转变以往与农业生产挂钩的补贴方式确定方向。SPS 计划中多项措施均与环保、食品安全以及动物福利标准相结合，并通过充足的资金保障与多项措施来要求和促进农田保持良好的生产及环境条件。2003 年起，日本部分县开始实施"农业环境直接补贴制度"，韩国从 1999 年开始实施"亲环境"农业直接支付。

（2）法制体系建设是保证绿色农业生产补偿顺利实施的关键环节

建立相关的法律体系，规定农业补贴实施的对象、范围、标准、补贴方式等内容，可以有效保证农业补贴政策的严肃性，节约政策制定和执行成本，确保政策实施的有效性、长期性、可靠性。如无配套的法律法规建设，农业补贴政策很容易出现补贴时间段、补贴内容多变等问题，难以保证政策的实施效果。为保证农业补贴政策的顺利实施，各国均制定了完备的法律体系。美国先后制定了"土壤保护与家庭分配法"、《粮食和农业法案》《粮食、农业、水土保持、贸易法案》《食品安全法》《2008 年粮食、环保与能源法》《2012 年农业改革、粮食与就业法》，实施了有机农产品和多项生态环境保护计划。日本颁布《可持续农业法》《食品、农业、农业基本法》等法律法规，明确了农产品质量安全生产补偿的方向与内涵。

（3）绿色产品与生态环境是各国绿色农业生产补偿的重要方面

从各国发展经验可以看出，促进有机农业发展与保护生态环境是政府制定补贴政策的出发点，欧盟委员会未来改革的趋势是把农业生产和环境保护挂钩，重点发展"绿色"农业，2013年开始实施单一支付计划，改善农田的生产和环境条件。2005年开始，欧盟大幅度增加农村发展资金，用于优质农产品生产补贴。美国农产品质量安全的补偿重点在农业资源保育与有机农产品生产两个方面，先后实施了退耕补贴、水土保持、粪便治理等环境补贴政策，同时，不断加大对有机农业的补偿政策与认证经费补贴，提高生产优质安全农产品农民的生产积极性。日本推进"环境友好农产品"补贴政策，农户一经得到"环境友好农产品认证"，既可得到环境直接补贴，同时享受相关的优惠政策。韩国从1999年开始实施"亲环境"农业直接支付，鼓励农户不施用或少施用农药、化肥等容易污染环境并影响农产品质量安全的农用投入品。

二、中国绿色农业发展现状

1. 中国的基本国情决定了绿色农业的发展

中国是一个发展中国家，人口众多，自然资源总量大，相对量不足，人均占有自然资源数量与世界平均水平相差较大（表2-3），更不及一些发达国家。特殊的国情决定了中国农业必须首先以供养人民的基本食品需求即保证食品数量安全为目标。既不能走西方发达国家高投入、高产出，先污染后治理的路子，更无法效仿近似于纯天然的以减少食物产量为代价的低投入、低产出的自然农业生产方式。另一方面，经过我国的农业生产总量逐年增加，人民生活水平有了显著的提高，1979—1990年我国农民人均纯收入由134元增长到710元，增长了413倍。人民生活水平开始由温饱向小康过渡。关爱生命，远离污染，追求营养安全食品已成为相当一部分人的首要追求。以质论价，高质高价的消费方式逐渐被人们所接受，为绿色食品生产的发展奠定了较坚实的基础。

表 2-3　2013 年中国人均资源与世界平均水平比较

内　　容	人均土地总面积	人均农林牧面积	人均耕地面积	人均森林面积	人均水资源量
世界人均（公顷）	3.27	2.23	0.27	1.00	10 800.0
中国人均（公顷）	0.97	0.44	0.10	0.12	2 700.0
中国相对于世界水平（%）	29.6	19.7	37.0	12.0	25.0

2. 中国绿色农业发展现状

发展绿色农业，走可持续发展的道路，实现经济效益、社会效益和生态效益协调发展已经成为世界各国的广泛共识。随着改革开放的逐渐深入，国际贸易的增多，许多绿色食品走出了国门，成为农产品贸易出口的主打产品。更加激发了农民从事绿色食品生产的积极性，推动了我国绿色食品的快速发展。我国绿色农业起步于 1990 年。1990 年 5 月我国正式宣布开始发展绿色食品。据不完全统计，自 1990 年国家提出发展绿色食品生产至 2003 年年末，全国绿色食品生产及相关企业达到了 2 047 家，遍布全国绝大部分省、区、直辖市，有效使用绿色食品标志的产品总数有 4 030 个，实物产品总量 3.26×10^7 吨，市场销售额 723 亿美元，出口额 10.8 亿美元，监测基地面积 5.14×10^6 公顷，绿色食品生产成为中国农业生产中的朝阳产业。

目前，中国绿色食品发展中心已在全国 31 个省（区、市）设立了 38 个分支管理机构、56 个定点委托绿色食品产地环境监测机构、9 个绿色食品产品质量检测机构，从而形成了一个覆盖全国的绿色食品认证管理、技术服务和质量监督网络。

截至 2012 年年底，全国绿色食品认证企业总数已超过 6 000 家，产品总数超过 1.7 万个，标准化原料基地面积超过 1 亿亩。近几年绿色食品产品抽检合格率稳定保持在 98% 以上的高位水平，2012 年抽检合格率达到 99.6%。目前 30% 以上的国家级、省级农业产业化龙头企业获得了绿色食品认证。

2014 年，新发展的绿色食品企业 3 830 家，产品 8 826 个，分别比 2013 年增长 18.6% 和 14.7%。绿色食品企业总数达 8 700 家，产品 21 153 个，同比增长了 13.1% 和 10.9%。有机中心有效使用有机产品标志的企业达到 814 家，产品 3 342 个，同比增长 11.4% 和 8.5%。中心和地方绿办全年共抽检 3 940 个绿色食品，总体抽检合格率为 99.54%，产品质量仍然维持在较高水平。全国共有 434 个单位创建了 635 个绿色食品标准化生产基地，基地种植面积 1.6 亿亩，有机农业示范基地 17 个，总面积达到 1 000 万亩。绿色食品基地产品总产量达到 1 亿吨，对接企业 2 310 家，带动农户 2 010 万户，直接增加农民收入 10 亿元以上。2014 年，绿色食品和有机食品的发展继续保持良好态势[1]。

按照全程质量控制的标准化生产和规范化管理的要求，绿色食品现已建立较为完善的标准体系，包括产地环境、生产加工过程、产品质量、包装储运标准，整体达到国际先进水平。目前，通过农业部发布的绿色食品标准已达 164 项，基本涵盖主要农产品及其加工食品。

但由于缺少对绿色食品生产思想、方式定位等多方面的研究和系统归纳，使中国的绿色食品生产与国际倡导的可持续农业之间关系不清，融合不够，相互独立，造成了国际上对中国绿色食品生产的理解、认识与认知不足，使我国生产的两级绿色食品与国际上通行的有机食品等难以质量互认，程度不同地影响了绿色食品出口贸易和生产发展。

国家现代农业示范区绿色食品、有机食品产量、2014 年绿色食品发展总体情况、2014 绿色食品产品结构（按产品类别）、2014 年绿色食品原料标准化生产基地产品结构见表 2-4 至表 2-7。

表 2-4　国家现代农业示范区绿色食品、有机食品产量　　　　（单位：吨）

年　份	绿色食品产量	有机食品产量
2014 年	36 680 315.27	595 544.22
2013 年	15 155 981.96	322 955.92
2012 年	11 580 840.16	210 801.89
2011 年	9 942 959.40	632 866.79
2010 年	9 372 166.97	520 980.79

资料来源：中国绿色食品发展中心，表 2-5 至表 2-7 同

①农业部新闻办公室．2014 年全国绿色食品继续保持良好发展态势 [OL]．http://www.agri.cn/V20/ZX/nyyw/201501/t20150119_4341508.htm．

表 2-5　2014 年绿色食品发展总体情况

指　标	单　位	数　量
当年获证企业数	个	3 830
当年获证产品数	个	8 826
企业总数[①]	个	8 700
产品总数[②]	个	21 153
国内年销售额	亿元	5 480.5
出口额	亿美元	24.8
产地环境监测面积[③]	亿亩	3.4

注：①指 2011—2014 年 3 年有效使用绿色食品标志的企业总数。②指 2011—2014 年 3 年有效使用绿色食品标志的产品总数。③包括农作物种植、果园、茶园、草场、水产养殖及其他监测面积

表 2-6　2014 年绿色食品产品结构（按产品类别）

产品类别	产品数（个）	比重（%）
农林及加工产品	15 703	74.2
畜禽类产品	1 095	5.2
水产类产品	698	3.3
饮品类产品	1 946	9.2
其他产品	1 711	8.1
合计	21 153	100.0

表 2-7　2014 年绿色食品原料标准化生产基地产品结构

类别	基地数（个）	面积（万亩）	产量（万吨）
粮食作物	324	10 275.9	5 986.7
油料作物	115	3 341.3	573.9
糖料作物	3	85.0	107.0
蔬菜	77	1 202.8	2 052.4
水果	77	865.0	1 250.7
茶叶	27	80.3	79.5
其他	12	155.2	67.8
总计	635	16 005.5	10 118

注：其他类包括枸杞、金银花、坚果和苜蓿等产品

3. 国家对绿色农业发展的支持政策

（1）深入推进粮棉油糖高产创建和粮食绿色增产模式攻关支持政策

2015 年中央财政继续安排 20 亿元专项资金支持开展粮棉油糖高产创建和粮食绿色增产模式攻关。在建设好高产创建万亩示范片的基础上，突出抓好 5 个市（地）、50 个县（市、区）、500 个乡（镇）高产创建整建制推进试点。同时，在 60 个县开展粮食绿色增产模式攻关试点。为提升创建水平、提高资金使用效率，各地可根据实际情况对补助标准、不同作物间的示范片数量和承担试点任务的市县进行适当调整。严格实行项目轮换制，对连续 3 年承担高产创建任务的示范片，要变更实施地点。鼓励开展不同层次的高产创建，探索在不同地力水平、不同生产条件、不同单产水平地块，同步开展高产创建和绿色增产模式攻关，原则上中低产田高产创建示范片数量占总数的 1/3 左右。通过项目实施，试点试验、集成推广一批区域性、标准化高产高效技术模式，带动实现低产变中产、中产变高产、高产可持续，进一步提升我国粮棉油糖综合生产能力。

（2）菜果茶标准化创建支持政策

2015 年继续开展园艺作物标准园创建，在蔬菜、水果、茶叶专业村实施集中连片推进，实现由"园"到"区"的拓展。特别是要把标准园创建和老果茶园改造有机结合，与农业综合开发、植保专业化统防统治、测土配方施肥等项目实施紧密结合，打造一批规模化种植、标准化生产、商品化处理、品牌化销售和产业化经营的高标准、高水平的蔬菜、水果、茶叶标准园和标准化示范区。

为实现蔬菜周年均衡供应，重点抓好"三提高"：一是提高蔬菜生产能力，继续抓好北方城市设施蔬菜生产，积极争取扩大试点规模，提供可复制的技术模式，提高资源利用率及北方冬春蔬菜自给能力；二是提高蔬菜生产科技水平，加快推广一批高产、优质、多抗的蔬菜新品种，重点选育推广适合设施栽培的茄果类新品种，蔬菜标准园创建以集成示范推广区域性、标准化的栽培技术为重点，提高蔬菜生产的科技水平；三是提高蔬菜生产的组织化水平。2015

年，在菜果茶标准化创建项目的资金安排上，加大对种植大户、专业化合作社和龙头企业发展标准化生产的支持力度，推进蔬菜生产的标准化、规模化、产业化。

（3）测土配方施肥补助政策

2015 年，中央财政继续投入资金 7 亿元，深入推进测土配方施肥，免费为 1.9 亿农户提供测土配方施肥技术服务，推广测土配方施肥技术 15 亿亩以上。在项目实施上因地制宜统筹安排取土化验、田间试验，不断完善粮食作物科学施肥技术体系，扩大经济园艺作物测土配方施肥实施范围，逐步建立经济园艺作物科学施肥技术体系。加大农企合作力度，推动配方肥进村入户到田，探索种粮大户、家庭农场、专业合作社等新型经营主体配方肥使用补贴试点，支持专业化、社会化配方施肥服务组织发展，应用信息化手段开展施肥技术服务。

（4）化肥、农药零增长支持政策

为支持使用高效肥和低残留农药，从 2014 年开始，中央财政安排高效缓释肥集成模式示范项目资金 300 万元，在黑龙江、吉林、河南、甘肃和山东 5 个省重点推广玉米种肥同播一次性施用高效缓释肥料技术模式和地膜春玉米覆盖栽培底施高效缓释肥料技术模式。从 2011 年开始，国家启动了低毒生物农药示范补贴试点，2015 年财政专项安排 996 万元，继续在北京等 17 个省（市）的 42 个蔬菜、水果、茶叶等园艺作物生产大县开展低毒生物农药示范补助试点，补助农民因采用低毒生物农药而增加的用药支出，鼓励和带动低毒生物农药的推广应用。

（5）耕地保护与质量提升补助政策

从 2014 年起，"土壤有机质提升项目"改为"耕地保护与质量提升项目"。2015 年中央财政安排 8 亿元资金，鼓励和支持种粮大户、家庭农场等新型农业经营主体及农民还田秸秆，加强绿肥种植，增施有机肥，改良土壤，培肥地力，促进有机肥资源转化利用，改善农村生态环境，提升耕地质量。一是全面推广秸秆还田综合技术。在南方稻作区，主要解决早稻秸秆还田影响晚稻插秧抢种的问题。在华北地区，主要解决玉米秸秆量大，机械粉碎还田后影响下茬作物生长、农民又将粉碎的秸秆搂到地头焚烧的问题。根据不同区域特点，推广应用不同秸秆还田技术模式。二是加大地力培肥综合配套技术应用力度。集成秸秆还田、增施有机肥、种植肥田作物、施用土壤调理剂等地力培肥综合配套技术，在开展补充耕地质量验收评定试点工作和建设高标准农田面积大、补充耕地数量多的省份大力推广应用。三是加强绿肥种植示范区建设。主要在冬闲田、秋闲田较多，种植绿肥不影响粮食和主要经济作物发展的地区，设立绿肥种植示范区，带动当地农民恢复绿肥种植，培肥地力，改良土壤。

（6）开展农业资源休养生息试点政策

一是开展农产品产地土壤重金属污染综合防治。推动全国农产品产地土壤重金属污染普查与分级管理，设置农产品产地土壤重金属监测国控点，开展动态监测预警，建立农产品产地安全管理的长效机制。在我国南方6省区启动水稻产区稻米重金属污染状况一对一协同监测，以南方酸性水稻土产区为重点区域，开展农产品产地土壤重金属污染治理修复示范，对中轻度污染耕地实行边生产、边修复，在重污染区域，开展禁止生产区划分试点，同时对试点示范农户进行合理补偿。开展湖南重金属污染耕地及农作物种植结构调整试点工作。二是开展农业面源污染治理。建立完善全国农业面源污染国控监测网络，加强太湖、洱海、巢湖和三峡库区等重点流域农业面源污染综合防治示范区建设，在农业面源污染严重或对环境敏感的湖泊、流域，力争实施一批综合治理工程。在养殖、地膜、秸秆等污染问题突出区域，实施规模化畜禽养殖污染治理、水产健康养殖、全生物可降解膜示范、农田残膜回收与再生、秸秆综合利用示范等。三是积极探索农业生态补偿机制构建。进一步加强在重点流域的农业面源污染防治生态补偿试点工作，对采用化肥农药减施、农药残留降解等环境友好型技术和应用高效、低毒、低残留农药和生物农药的农户进行补贴，鼓励农户采用清洁生产方式，从源头上控制农业面源污染的发生。

4. 国家对于农产品质量安全的资金支持不断增加

经济发展的规律表明，要想对某一产业进行补贴，这一产业在整个国民经济中所占的份额较低，我国经济自1978年以来以平均8%的增长率增长，使

GDP 在 2014 年达到 636 462 亿元，农业经济占 GDP 比重由 1978 的 38.3% 降到 9.16%。我国的农业支出数额却逐年增加，从 2007 年的 4 318.3 亿元增加到 2014 年的 14 001.67 亿元，粮食、农资、良种和农机具等四项补贴也有价大幅度增加，从 2007 年的 513.6 亿元增加到 2014 年的 1 600 亿元。

随着农产品数量的稳步增加、居民消费机构的优化升级，以及农产品质量安全问题频发，使得政府逐步重视农产品质量安全问题，增加了相关投入。目前直接对农产品质量安全生产的支农支出包括环境保护、农产品质量安全两项。此外，病虫害控制、技术推广与培训、农业生产资料补贴、执法监管、农业组织化与产业化经营和农业综合开发等支农支出既有促进农民增收的作用，也可以间接的促进农产品质量安全。

病虫害的统防统治，除了具有稳定农产品产量，保障农民收入作用以外，还可以减少高毒农药的不当或过量使用；农业组织化与产业化经营和农业综合开发等支农支出既有利于实现农业生产的规模经济效益，促进农民增收，又有利于农产品生产者的综合素质的提高，便于对农产品质量安全实施全面控制，并且能够更好地从生产源头进行把关，进而间接地保障了农产品质量安全。

2010—2012 年我国农产品质量安全生产方面的支出见表 2-8。

表 2-8　2010—2012 年我国农产品质量安全生产方面的支出

内　容	2010 年		2011 年		2012 年	
	支出（万元）	比例（%）	支出（万元）	比例（%）	支出（万元）	比例（%）
环境保护	10 269.5	0.45	6 618.3	0.18	5 066.1	0.17
农产品质量安全	64 576.6	2.82	68 197.3	1.82	70 618.0	2.32
病虫害控制	40 448.8	1.77	36 636.0	0.98	30 694.0	1.01
技术推广与培训	113 145.0	4.94	115 956.0	3.10	98 868.0	3.25
农业生产资料补贴	86 769.2	3.79	103 530.6	2.77	107 873.0	3.54
执法监管	23 571.2	1.03	26 558.8	0.71	26 530.0	0.87
农业组织化与产业化经营	6 017.8	0.26	5 996.2	0.16	3 000.0	0.10
农业综合开发	46 038.0	2.01	56 488.4	1.51	72 931.0	2.39
小　计	390 836.1	17.06	419 981.7	11.22	415 580.1	13.64
农业支出总计	2 291 526.2	100	3741 640.6	100	3 046 024.1	100

数据来源：中国农村统计年鉴 2011；2012 年数据来源于农业部官方网站数据

5. 我国农害质量安全生产问题仍很突出

尽管政府围绕我国农产品质量安全管理做出了卓有成效的工作，但近些年，一系列影响较大的农产品质量安全事件表明，与广大消费者对农产品质量安全的要求相比，我国农产品质量安全生产问题仍很突出，应该引起足够重视。

陈锡文（2015）指出，我国每公顷土地使用的化肥是世界平均的 4 倍以上。每年使用农药约 180 万吨，其中 70% 造成污染[1]。国土资源部统计表明，目前全国耕种土地面积的 10% 以上已受重金属污染。由于农药、化肥和工业污染，我国粮食每年减产 100 亿千克。如果仍以高消耗、低产出、高污染的粗放型方式进行生产，必将导致生态环境进一步恶化，农业的有限资源将加速耗竭，农业生态系统濒临崩溃，对社会经济的发展将产生严重制约。1980—2014年我国化肥施用量见图 2-1。1995—2012 年我国化肥施用量见图 2-2。

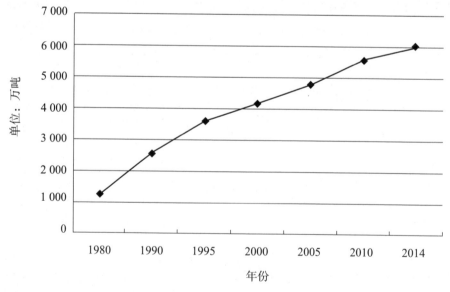

图 2-1　1980—2014 年我国化肥施用量

---

①刘祚祥. 隆平论坛综述：农业科技创新与国家粮食安全 [OL] . http://ldhn.rednet.cn/c/2014/11/26/3530686.htm .

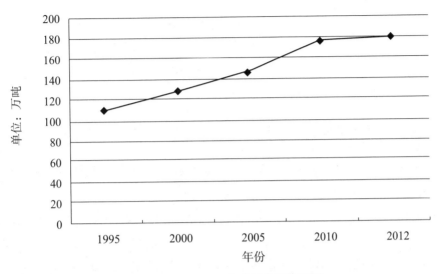

图 2-2　1995—2012 年我国化肥施用量

　　另外，我国农业生产分散、组织化水平低，截至 2012 年年底，我国农村人口为 7.9 亿，农村人均土地 2.31 亩，人均耕地面积不如美国 1/10，农业龙头企业 4 500 多家，农村专业合作组织 17 万个左右，仍有 2 亿多农户独立参与农产品市场。这种小规模分散化的家庭生产经营模式，一方面加剧了生产者与消费者之间的信息不对称，进而导致了农户在生产程中的"逆向选择"和"道德风险"。另一方面加大了政府监管的难度和提高了监管成本，致使难以达到预期的监管效果。

　　同时，政府管理缺乏顶层设计，且投入不足。尽管政府围绕管理部门、标准化建设、三品管理做出了很多的工作，但与发达国家相比，农产品质量安全管理工作仍然任重道远。而总体看，农产品数量仍然是我国农业生产的首要目标，农产品质量安全目标没有被提升到和数量等同的高度。同时，负责各种农业支持政策之间缺乏有效沟通，存在重复支持和缺位支持的现象，政府对农产品质量管理和数量支持缺乏必要的信息沟通平台。

　　2008 年以来，农业支出占财政支出一直较为稳定，但投入到农产品质量安全方面专门预算的资金很少，虽然近几年对农产品质量安全投入有所增加，但远未满足实际需要，且投入资金分散与支农政策之间缺乏有效联系。例如，目前实施的畜牧标准化规模养殖支持、动物防疫补偿、国家现代农业示范区建设、测土配方施肥补贴、农村沼气建设、土壤有机质提升补偿和农作物病虫害防控补偿等政策都会有农产品质量安全方面的内容,但由于单个资金量小,整合难度大,未形成农产品质量安全补偿的合力。

三、中国绿色农业生产补偿问题

农业生态补偿是生态补偿的一个重要领域。由于农业生态环境的不断恶化,中共中央越来越重视农业生态环境的治理问题,并制定了一系列政策,引导农业生态环境治理,如启动退耕还林计划、退耕还草计划,并对水土保持、农田保护、退田还湖等等有利于农业生态环境好转的农业生产行为进行补贴,以引导农民提高农业环境保护的意识和积极性。主要措施包括中央补助地方环保专项资金项目、退耕还林政策、保护性耕作、流域治理与水土保持政策、农业清洁生产技术运用的补贴政策。目前,国家为了保证农业生态补贴的可实施性,开始在一些条件比较适宜的地区如浙江省、湖北省、福建省进行试点工作,并在理论界开展了一些理论研究与探讨工作,为我国的农业生态补偿法律法规以及国家政策的制定提供理论支撑和实践基础。但从总体上看,我国的农业生态补偿机制还没有全面形成,还处于探索阶段,仍然存在一些问题。

1. 补偿体系不完善

我国目前农业生态补偿政策法规还处于初级阶段,尤其是在补偿范围方面,突出的问题是补偿的范围比较小,无法从利益导向方面推动农业生态环境保护的进程。如对农业污染控制补偿则缺乏系统科学的安排和统筹,环境考核指标缺乏明确性,补偿范围和力度需要进一步扩大和提高。

2. 补偿标准低且地区差异大

目前,我国的农业生态补偿措施缺乏科学性和合理性,由于缺乏有效的调研和研究,导致在实践中补偿标准不合理,补偿额的确定没有考虑到地区差异以及生态环境类型的差异,补偿标准僵化,缺乏灵活性和地区适应性,这导致有些地区补偿与实际需要相比较偏低或偏高，没有发挥补偿的实际作用。

3. 补偿资金来源不合理

我国的补偿资金在来源上明显缺乏合理性。首先，一般的情况下，只重视政府补偿的重要性，忽视市场补偿和民间补偿。其次，补偿注重行政性纵向补偿，但对于区域间横向补偿则缺乏足够的重视。再次，只重视农业生态补偿的经济范畴，而忽视了农业生态补偿的技术性，补偿资金链缺乏稳定性和长效性。

4. 利益相关者的参与缺失

我国目前开展的农业生态补偿工作带有强烈的政府强制色彩，基本上都是国家主导的，在有关政策的制定过程中，缺乏利益相关者广泛参与的机制和实现途径，在补偿对象的认定上不能因地制宜，没有充分考虑地区之间的差异，农民的监督主体作用没有得到充分实现，会降低社会公众的认同感和接受度，影响实施效果。

5. 补偿监管力度不够

我国农业生态补偿的实施中，各管理部门职责不清，审批程序和机构设置混乱，容易造成实施过程中责权利不明晰，互相推诿责任；各部门的利益相关者的权利义务责任界定不明确；补偿资金管理混乱，监督机制不完善，有时很难到位。

6. 法律保障不完善

缺乏权威性的法律法规作为保障，法律依据繁乱混杂，缺乏集中统一的法律规定。中央和国务院在农业生态补偿方面只是在政策上予以规定，缺乏具有较高效力的法制保障，地方所制定的农业生态补偿法规大都缺乏对本地区的环境的考虑，缺乏具体的实施细则，在实际运行中，无法适应农业生态保护与生态修复的需求。

7. 财税保障不完善

公共财政制度存在缺陷，财政补贴和税收政策不够完善。我国目前补偿资金投融资渠道单一，其中财政转移支付是最主要的资金来源，缺乏大量的稳定的政府财政投入，在实践中用于农业生态补偿的资金总量严重不足。我国农业补贴主要采取暗补的形式，导致农民没有成为直接受益者，缺乏利益引导，严重影响污染减排的效果。

四、我国绿色农业生产补偿发展的制约因素及原因分析

1. 政府对绿色农业生产补偿的重视程度不够

我国出台的绿色农业生产补偿政策关注的重点主要放在农业污染的治理上，缺乏"先预防后治理、预防为主"的环保理念。实践中虽已开展了测土配方施肥、农村沼气工程等一系列农业生态环境保护项目，但生态环保效果不够理想。尤其是对于农民的环境友好和资源节约型生产行为，缺少相应的激励政策和补偿措施。其深层原因主要源于以下两方面：一是粮食安全压力。一直以来，受人口众多、宜耕面积日益减少、农业科技薄弱等因素的影响，我国多数地区采用"高投入、高产出的农业增产扩能的粗放式发展模式，以确保国家粮食安全和重要农产品有效供给，但致使农业环境污染问题日趋严重。二是城乡二元结构。在环境保护上，实施市区企业"退二进三"战略，近年来我国工业及城市污染不断向农村转移，特别是一些低技术、高污染工业项目转移到农村，造成了一种城市生态环境逐渐改善而农村生态环境日趋恶化的二元环境结构。也正是由于我国过多地关注粮食安全和城市发展，而农业产业化和农村工业化程度较低，使农业污染这一问题被忽视很久，因此也导致了对绿色农业生产补偿这种解决农业生态问题的经济激励手段的忽视及其在法律法规、政策制定、财政投入及技术等众多方面的支持有所欠缺。

2. 公众对我国农业生态补偿重要性认识不足

公众对我国农业生态补偿重要性认识不足主要源于农业生态保护意识不强、对农业生态价值的重要性认识不足及对绿色农业生产补偿在农业环境保护体系中地位的认识偏差等因素。

（1）农业生态保护意识不强

由于人们的文化水平和认知程度的高低，农业生态保护意识有高有低。目前我国公众对农村和农业环境问题重视程度不够，环境保护法律意识不强，重直接生活环境轻生态环境，主要表现在以下几个方面：一是大部分农民生态环境保护意识普遍较为淡薄，对环境危害的源头和危害程度往往认识不清。二是一些地方政府中的领导和乡村干部的环境保护的意识也相当薄弱。三是公众的参与意识不够。

（2）对农业生态价值的重要性认识不足

一直以来，人们受"环境无价"理念的影响，对农业生态价值认识不足，只看到农业生产能提供粮食和工业原料的直接价值，而忽略了农业生产改善气候、调节水源等生态保护价值，农业生态价格的形成也就无从谈起。

（3）绿色农业生产补偿在农业发展体系中地位的认识偏差

农业、农民和农村问题，历来是我国政府极为关注的重大民生问题，而农业生态环境问题一直没有得到应有的重视。党的"十七大"把改善民生放在了更加重要的位置上，改善农业生态环境和提高农产品质量安全也是极其重要的"民生"问题。虽然我国目前农业发展仍有很多问题需要加以解决，但这并不否定农业生态环境保护对于农村和农业发展的重要意义，正恰恰说明了绿色农业生产补偿的重要性。

3. 我国经济发展的不平衡性

绿色农业生产补偿要受到经济发展水平的制约。从经济发展水平上来看，国家及地方财政支付能力、农民个人支付能力及社会集资能力当前都制约着绿色农业生产补偿的发展，决定着绿色农业生产补偿的进度和保障水平。我国改革开放以来，我国各地区经济实力明显提高。但由于经济基础、资源环境、区域政策等因素的影响，各地区之间的差距较大，且呈现出不断扩大的趋势，过大的差距制约了我国经济总体的健康持续发展。我国东部地区经济发展水平较高，西部地区经济发展水平较低。我们如何在新农村进行经济建设的同时，既有效发展农业经济，又有效防止农业污染，是摆在我们面前的一个很重要的课题。

4. 相关农业政策的负面影响

（1）粮食安全政策的影响

粮食安全政策的实施对促进农业结构调整和农民增收、加快城乡经济发展具有重要意义，但在一定程度上刺激了国民"重生计，轻生态"的观念，农业粗放经营使得土地资源、水资源越来越短缺，土壤污染严重。

（2）促进农民增收政策的影响

一直以来，政府从城乡统筹、区域发展等多层面促进农业增收，但实践中由于促进农民增收的协调发展机制不完善，出现一些追求经济利益最大化，而忽视甚至破坏农村环境的短期行为，对绿色农业生产补偿的推进产生了负面影响。

（3）农业补贴政策的影响

无论是从环保功能上看，还是从补贴的效率、公平看，对农用生产资料的补贴都有悖于财政支持农业可持续发展的目标。农机补贴和柴油、化肥、农药、农膜等农业生产资料的大量使用，曾经是部分西方发达国家农业环境恶化的原因之一，这些补贴会刺激农民使用一系列化学投入品的积极性和主动性。上述农业政策带来了农业增产，也在一定程度上促进了农民增收，但绝大多数的政策却是以牺牲一定的环境为代价的，这对于推行农业生态补偿制度和培育生态服务市场极为不利。从农民角度看，这些旨在增加粮食产量、促进农民增收的农业政策的实施，调动了农民的农业生产积极性，提高了农业整体的获利水平，也相对降低了农民进行农业生态建设的意愿。在农业生态建设中，农民作为生态服务的提供者，是一个有理性的"经济人"，只有当生态补偿收益高于其农业生产所获得的收益时，他才愿意向市场提供相应的生态服务。

5. 农业科技基础相对薄弱

（1）绿色农业生产补偿制度的实施存在着一些技术上的障碍

如：补偿标准的确定是绿色农业生产补偿机制中的一大难点。目前，对于绿色农业生产补偿标准的定量化、农业生态系统服务价值评估方法以及农业生态服务功能可持续利用对策等方面还有待于进一步研究，形成统一理论并应用于相关政策制定和实践。

（2）农村环保技术相对落后

当前，我国对农业环境技术推广财政支持力度不足，农民缺乏当地农技推广系统的技术指导，农村很多关键性环保技术不成熟或缺乏。由于农业技术推广体系建设不健全，导致农民在实际操作中无法得到有效的技术培训与指导，缺乏相关的农业技术理论知识与实践经验，通常采用传统的粗放型生产方式，导致对环境的污染与破坏进一步加剧。

（3）对科技基础性研究投入不足

目前我国一些地区制定农业生产技术标准由于缺少必要的科学测算和试验基础，并不适合本地农民在农业生产中执行和使用，致使我国一些地区发布和实施的农业清洁生产技术和生态农业模式流于形式。此外，一些在发达国家行之有效并早已推广的施肥技术，由于我国农业经营规模小，专业化水平低，也难以简单地引进，所以需加大投入研发符合我国农户生产实际情况的生态农业技术。

第三章　绿色农业生产补偿标准测算

一、我国绿色农业生产补偿标准的弊端

绿色农业生产补偿是国家和社会对农业生产者在生产农产品的同时所生产的绿色生态产品的生产成本给予的补偿。同其他方面的绿色生产补偿一样，其目的是要实现环境利益与相关的经济利益在生态产品生产者与受益者之间的公平分配，使绿色产品生产者得到应有的经济回报，受益者分担相应的生产成本。纵观我国现行政策中关于绿色农业生产补偿的支付方式和水平，一直以来都是由政府确定与支付，无论是"退耕还林""退牧还草"等国内大型生态建设项目，还是其他的各地小型农业生态补偿项目，大多是"一刀切"的补助标准，规定一个统一数额，每亩地补偿多少元。且不说其数额的确定没有科学依据，单就相同的补偿标准这一规定来说，不仅削弱了政策的严肃性和公平性，而且造成了生产者之间事实上的分配不公，根本没有考虑到不同区域、不同自然环境下，农民支出成本的差异。

二、绿色农业生产补偿标准研究现状

1. 绿色农业生产补偿的研究

一般来看，绿色农业更有利于保护环境，不过绿色农业种植效益低于一般种植效益，在鼓励农户从事绿色农业生产的基础上，应该加大对低于一般种植效益的补偿。

针对绿色农业生产补偿的研究，国内外学者研究较少。但是对生态补偿和农产品质量安全生产补偿研究较多。Posner（1974）、Loeband Magat（1979）认为合理的激励机制有助于农户实现资源优化配置，因此引入激励机制是利于

政府规制的有效手段，Quigginetal（1999）采用 USDA（Plants Database）验证了上述结论。此外 Wuetal（1996）指出在以大农场为特征的发达国家，政府与农户直接签订激励合同承诺对有利于环境的农业生产给予直接支付是非常普遍的激励手段。

杨晓明（2009）基于博弈论视角提出政府可以通过质量识别机制和生产补贴机制的组合来提高农产品质量安全水平；冯忠泽等（2009）运用经济方法探讨了农产品生产企业的质量安全成本与收益之间的关系。李晓光等（2009）以海南中部山区为例研究了在生态补偿标准实践中应用较多的机会成本法，并指出在机会成本法中用最为基本的因素来确定机会成本是能够找到合适的载体的，也就是说以所找到的载体为基础定量出生态保护的机会成本。唐增等（2010）通过分析，得出在实践中很难将生态系统服务价值评估的结果作为生态补偿标准的依据，最优的方法应该是基于成本核算。该团队提出用最小数据法确定生态环境恢复目标下的最佳补偿标准。李铜山（2008）、赵建欣（2009）、李庆江（2011）等少数学者也提出过针对农产品质量安全生产环节进行补偿，但并未进行更为深入的探讨。

从以上研究可以看出，不同学者对农业生态补偿和农产品质量安全生产补偿的理解涵盖了绿色农业生态补偿的目的和范围，取得了大量的研究成果，但是也存在突出问题：①绿色农业生态补偿和农产品质量安全生产补偿大多停留在理论研究，试点少。除国家的大型生态建设工程如退耕还林等项目以外，相对于促进我国绿色农业可持续发展的目标来说，实施绿色农业生态补偿的区域还很少，尚处于起步阶段。②补偿机制不配套。尽管我国已开展了退耕还林、保护性耕作等补偿试点示范，取得了一定的成效，但对于农民采取减少施用化肥、农药、增施有机肥等环境友好和资源节约型生产措施方面却没有相关补偿机制与政策，难以调动农民环境保护的积极性。

2. 农业绿色发展评价研究

总体上看，国际对农业绿色发展评价指标体系的研究侧重于指标之间的互动分析，而且比较注重模型的构建和运用。美国环境保护署在对农业环境进行评价的过程中，选取了作物生产力、土地生产力、灌溉水量和水质、农业化学品使用和土地利用等5个指标。欧洲共同体建议用人均耕地、土地利用变化、农业能源、化肥和农药的使用等5个指标对农业的发展状况进行监测。英国的农林渔业管理部门从农业、耕作管理、投入、资源使用以及保护农业土地的价值等5个方面分析了农业的实际变化情况。

目前，国内学着对我国农业绿色发展的评价指标体系研究较多，主要集中在农业的可持续发展评价及对区域的评价方面。中国农业持续发展和综合生产力研究组和农业部农业资源区划管理司在国内较早地制定了农业可持续发展评估指标体系。2003年国家统计局统计科学研究所在《中国农业现代化评价指标体系建设与实证分析》一文中提出：农业现代化评价指标体系。该指标体系包括农业生产手段、农业劳动力、农业产出能力和农业生产条件等四个一级系统，包含科技化水平、机械化水平、电气化水平、水利化水平、良种化水平、信息化水平、农业劳动力素质、非农业劳动力比重、农业劳动生产率、劳均农业产出、农业供养能力、农民收入、市场环境、资源环境、生态环境、农作物生长环境等16个二级系统。2010年，国家统计局中国经济景气监测中心和北京师范大学联合构建了"中国绿色发展指数"指标体系，该套体系由一个总指标、3个一级指标、9个二级指标和55个三级指标构成，该体系较为科学的评价了中国各省区的绿色发展状况。另外，我国目前已经有一些省市相继开展构建了当地的农业可持续发展指标评价体系。崔元峰、严立东从3个角度建立指标体系，考虑生态、经济、社会各个子系统指标，综合各个指标测算出了我国的农业绿色发展水平评价体系（崔元峰等，2009）。任运河在深入分析山东省绿色农业的现状后，采用系统分析法构建了山东省绿色农业的评价体系和预警体系（任运河，2006）。霍苗用系统分析的方法，构建了一套全国通用的生态农村评价指标体系的基本框架（霍苗，2005）。郑军运用层次分析法，对生态农业竞争力评价指标体系进行构建（史建民，2007）。

综上所示，国内外对农业发展评价的指标体系进行比较系统的研究和分析，主要集中在农业的可持续发展指标，作为一个综合指标，可持续发展评价指标内容涉及农村的经济、社会、环境等多个层面。但侧重在"绿色"指标研究得不多。同时对农业绿色发展评价的指标体系的研究，从全国层面的研究较多，具体到对农业生产经营主体从事绿色农业生产的评价的研究则很少。

三、绿色农业生产补偿依据

根据现实的生态环境状况、需要完成的任务和兼顾短期利益和长远利益的原则，绿色农业生产补偿依据包括两个方面。

1. 成本补偿

由于农户需要改变原来的生产生活方式，寻找并发展环保型的替代产业。与工业和服务业相比，农业天然是弱势产业，效益低、周期长。绿色农业由于杜绝了农药、无机肥料、激素等非生态因素，而绿色农业的人工成本、时间成本比普通农业更高。以及新技术新技能的培训费用、替代产业需要的新设备、新设施的投入等都加大了绿色农业的成本。这是生产的初级阶段，补偿标准以直接投入和机会成本之和为依据。

2. 效益补偿

在我们的调研中，根据绿色农业生产经营者的反映，与普通农作物相比，一般来看，绿色农作物的生长周期较长，且产量较低，产品外形较差。因此，为了促进绿色农业发展，有必要补偿绿色农业生产与一般农业生产平均效益的差额。

四、绿色农业生产补偿标准的测算方法

以绿色农业生产者的调查为实证，构建绿色农业生产水平评价指标体系，运用熵权灰色关联模型方法，评价生产者不同种植作物（我们这里测算粮食作物和经济作物）的绿色农业生产综合指数；在此基础上，以当地（县级）当年种植不同作物的土地的年均净收益为基数，以绿色农业生产综合指数浮动区间范围为比例，设定绿色农业生产补偿比例，综合测算出对绿色农业生产者的补偿金额。

1. 建立绿色农业生产评价指标体系

从绿色农业生产者可以掌控的角度，建立绿色农业生产评价指标体系。包括 4 个一级指标和 11 个二级指标（表 3-1）。

表 3-1　绿色农业生产水平评价指标体系

	一级指标	二级指标
绿色农业生产水平	绿色农资使用	多抗新品种种植比例
		绿色农药施用量
		绿色肥料施用量
	绿色生产技术采用	农作物轮作面积
		标准化种植面积
		节水灌溉面积
		固体废弃物回收率
	劳动者知识水平	劳动力平均受教育程度
		劳动力绿色生产培训比例
	绿色农产品产销能力	绿色农作物播种面积
		绿色农产品销售量

2. 绿色农业生产水平评价方法——熵权灰色关联模型方法

农业生产者的绿色农业生产水平是区域内各种要素交互作用的结果，它其实是一个由多种要素组合形成的指标体系，该指标系统是多层级、彼此影响和复杂作用的，因此适合应用多层次综合评价法进行评价。另外，绿色农业生产是一个内涵相对明确、外延相对模糊的概念，其数据信息具有不完备性，各作用指标之间的关系相对复杂，其综合评价结果的高低优劣并没有明显界限，可以视为灰色系统，因此对农业生产者的绿色农业生产水平评价可应用熵权灰色关联模型。

（1）熵权的计算步骤

首先，进行标准化处理。将评价指标 j 的理想值假定为 X_j^*，对于正向指标，$X_{ij}'=X_{ij}/X_{ij\max}^*$，负向指标：$X_{ij}'=X_{ij\min}^*/X_{ij}$。将数据归一化处理，$Y_{ij}=X_{ij}'/\sum\limits_{i=1}^{m}X_{ij}'$，从而得到数据的标准化矩阵：$Y_{ij}=(Y_{ij})_{m\times n}$。

其次，计算第 j 项指标的熵值 e_j。

$$e_j=-k\sum_{i=1}^{m}y_{ij}\ln y_{ij}$$ （式3-1）

（式3-1）中 $k=1/\ln n$，y_{ij} 为标准化矩阵。

再次，计算第 j 项指标的偏差度 d_j。

$$d_j=1-e_{ij}$$ （式3-2）

（式3-2）中 e_{ij} 为熵值。

最后，计算第 j 项指标的权重 w_j。

$$w_j=\frac{d_j}{\sum\limits_{i=1}^{n}d_{ij}}$$ （式3-3）

（式3-3）中 d_j 为偏差度。

（2）**灰色关联计算步骤**

①建立相对最佳决策方案的增广矩阵 $X=(x_{ij})_{(m+1)\times n}$：首先通过标准化处理得到相应的无量纲矩阵 $X_i'=\{x_{i1}',x_{i2}',\cdots,x_{in}'\}$，其次建立理想样本 $X_0'=\{x_{01}',x_{02}',\cdots,x_{0n}'\}$。②求绝对差序列和两极最大差、最小差（绝对差序列 $\Delta_{ij}=|x_{ij}'-x_{0j}'|$；两极最大差 $\Delta_{\max}=\max\max\Delta_{ij}$；两极最小差 $\Delta_{\min}=\min\min\Delta_{ij}$）。③计算关联系数：

$$\xi_{ij}=\frac{\Delta_{\min}+k\Delta_{\max}}{\Delta_{ij}+k\Delta_{\max}}$$ （式3-4）

（式3-4）中 ξ_{ij} 为关联系数，k 为分辨系数（其值为 0.5～1，一般取 0.5）。

（3）**绿色农业生产综合水平计算步骤**

根据灰色关联分析方法，计算出灰色关联系数矩阵，结合熵权计算的指标权重，构建绿色农业生产水平评价模型。公式为：

$$E_i=\sum_{j=1}^{n}w_j\xi_{ij}$$ （式3-5）

3. 绿色农业生产补偿比例

通过绿色农业生产评价，得出绿色农业生产综合指数，在此基础上，参考国内外有关文献，经过与专家组多次探讨，确定不同绿色农业生产水平对应的补偿比例。

从我们调研的实际情况来看，无论是一般种植还是绿色种植，蔬菜的亩均纯收益平均是粮食作物的 10 倍左右，考虑到国家和地方政府的补偿能力和我国粮食补贴的实际情况，我们确定了粮食作物和蔬菜的不同的补偿比例标准，如表 3-2 ～表 3-3 所示。

表 3-2　种植粮食作物绿色生产水平对应下的补偿比例

绿色农业生产综合指数	1 ～ 20	21 ～ 40	41 ～ 60	61 ～ 80	81 ～ 100
补偿比例（%）	20	40	60	80	100

表 3-3　种植蔬菜绿色生产水平对应下的补偿比例

绿色农业生产综合指数	1 ～ 20	21 ～ 40	41 ～ 60	61 ～ 80	81 ～ 100
补偿比例（‰）	20	40	60	80	100

4. 绿色农业生产补偿基数的确定

从事绿色农业生产，其收益至少要达到从事一般种植的收益，生产者才有能力和动力从事绿色农业生产。因此，绿色农业生产补偿基数确定为：当地同种作物一般种植与绿色种植的亩均纯收益的差额。

5. 绿色农业生产补偿金额确定

绿色农业生产补偿金额就是要在绿色农业生产补偿基数的基础上，根据绿色农业生产水平的高低对其进行补偿，即：

绿色农业生产补偿金额 = 补偿基数 ×（1+ 绿色农业生产水平综合指数范围内的补偿比例）

第四章 绿色农业生产补偿标准测算方法的应用研究

为了试验和检验绿色农业生产补偿金额测算方法的实际应用效果，本研究选取了 4 个具有代表性的地区，包括：河南省固始县（以小麦为例）、安徽省庐江县（以水稻为例）、内蒙古自治区（以下简称内蒙古）通辽市（以玉米为例）和安徽省合肥市郊区（以蔬菜为例），应用前述测算方法，测算出对每个生产者绿色农业生产补偿的额度。

一、河南省固始县绿色小麦种植补偿标准测算

1. 固始县基本情况

固始县位于河南省东南部，南依大别山，北临淮河，总面积 2 946 平方公里，辖 32 个乡镇，601 个村，7 196 个村民组，总人口 168 万，是河南省第一人口大县，农业大县，是国家级生态示范区，属淮河源生态保护区。这里山青、水碧、土沃、气润，多样的地貌，独特的气候，为 500 多种动物、2 000 多种植物、260 种经济作物提供了良好的生态环境，11.67 万公顷天然无污染耕地是发展绿色农业的理想场所。2010 年，固始县被确定为绿色农业示范区。

近年来，固始县确立了"生态立县""绿色兴县"战略，促进了绿色农业取得跨越式发展。坚持把国家级生态示范区建设与绿色农业发展结合起来，并通过宣传引导不断提高全县人民的生态意识、绿色意识。坚持利用现代科技改造传统产业、优化农业结构，积极发展生态、优质、有机、绿色和无公害农产品，不断提高农产品品质，提升市场竞争力。全县注册的优质农产品品牌达 68 个，使用范围覆盖了固始近 90% 的农产品；全县"三品一标"优质农产品总量达到 44 个，建立蔬菜标准示范园 2 个、有机茶标准化生产基地 3 个、生

态养殖示范工程 42 个。有机农产品绿色食品和无公害农产品发展到 32 个，16 家企业通过 ISO9000 系列国际质量认证。创建了一大批固始县农产品品牌，提升了"固"字号农产品的市场竞争力，产品远销上海、武汉、南京、合肥、北京、郑州等大中城市，成为华东地区重要的绿色食品供应基地。

2. 调研情况

2015 年 8 月，相关人员采取分层抽样方法，对河南省固始县进行了问卷和询问相结合的调查，调研对象选择的是从事绿色种植小麦的农户。调查范围包括分水、郭陆滩、观堂、张广、泉河、陈集、杨集、胡族、赵岗、马岗、三河尖等 11 个乡镇。此次调查主要对从事绿色小麦种植的农户共发放问卷 50 份，回收问卷 48 份，回收率 96%，有效样本比例 46%；深度访谈 25 户，经对访谈过程和效果审查，23 户有效，有效率为 92%。调查问卷内容是从事绿色小麦种植的农户对实施绿色农业的认识程度和有关绿色农业生产水平评价指标体系的 9 个指标的自评价。

相关人员首先调查农户对绿色农业了解情况。在访谈中，很多农民对绿色农业还不太清楚，追求短期经济效益，忽视甚至无视资源环境被破坏的严重后果。很多农民只知道有绿色食品，部分农民对绿色食品了解的也不是太清楚。相当一部分的农业生产者习惯于约定俗成的传统作物的耕种及传统的生产方式，对绿色农业的概念知之甚少，对绿色农业综合效益及经济特点不了解。他们普遍认为，不施化肥、不喷农药就是绿色农业的目的和要求，这样的绿色农业生产投入较高、规模较小、收益较低、见效时间过长。而实际上，绿色农业不是简单地拒绝使用农药和化肥，而是科学地规范性地选择和使用农药和化肥，由过去的主要依赖与或完全依赖于化学物质作用来取得生产产品的增长，转变为以利用生物环境的内在关系为主要手段，辅以其他不破坏环境方法来取得农业生产及产品的增长。在目前的技术条件下，大多数绿色农业的产量水平不比常规农业高，甚至可能出现下降，其经济价值在短期内无法体现，这种现象使得部分农民不愿意花费投入绿色农业，去追求长期的经济效益。在调查中，笔者发现有近 20% 的农户不愿意投入绿色农业生产，有 30% 的农户不愿意大规模投入绿色农业生产。此外，农民的环保意识不强，忽视了片面利用化肥、农药来增产增收，致使环境恶化，资源枯竭，使农业生产面临或已经出现虽增产但收入没增加甚至降低的严重后果。

调研的农户中，有 11 户是与贵州茅台集团签订种植合同的绿色生产农户（2013 年贵州集团和固始县签订有机小面种植协议，打造有机小麦种植基地 8 万亩。由于集团要求种植面积必须达到一定面积，因此签订合同的一般是大规模种植的农户），其他 12 户是没有签订合同，自行从事绿色生产的小农户。为茅台集团提供绿色小麦与种普通小麦不同，以往选什么种子、用什么化肥、农药全是农户自己说了算。现在，农户必须严格执行公司的种植方案和作业规程，使用绿色小麦专用种子、专用肥料，并接收技术指导和田间检查。如果不按合同规定的要求办，公司就将拒收小麦。公司采取"生产标准、用种、施肥、病虫害防治、质量检验"五统一的方式组织生产。每年春季，公司科研所的技术人员都对签约农户进行培训，平时还到田间地头对麦农生产全程跟踪、检查，提供技术服务。

3. 补偿金额测算

（1）农户绿色农业生产水平评价

根据农户提供的基础数据，本研究运用熵权灰色关联模型对 23 户从事绿色小麦种植的农户进行农业绿色生产水平评价（表 4-1～表 4-2）。

从绿色农业生产水平评价结果可以看出，大部分规模经营农户的绿色农业生产水平比小规模经营农户高，综合指数大部分都在 60 分以上，而小规模经营农户的综合指数大部分在 40 分以下。

表 4-1　规模经营农户绿色农业生产水平评价

农户序号	综合指数	农资使用	技术采用	知识水平	产销能力
1	64.4	83	59	89	20
2	77.0	100	56	95	56
3	77.7	56	83	100	80
4	84.6	92	80	65	100

（续表）

农户序号	综合指数	农资使用	技术采用	知识水平	产销能力
5	51.7	28	29	80	93
6	71.0	60	52	97	90
7	78.0	100	60	92	58
8	60.0	100	28	90	18
9	58.7	90	29	100	15
10	46.3	25	30	79	70
11	76.2	88	56	80	85
平均	67.8	74.7	51.1	87.9	62.3

表 4-2　小规模经营农户绿色农业生产水平评价

农户序号	综合指数	农资使用	技术采用	知识水平	产销能力
1	24.6	46	12	10	26
2	42.7	52	51	7	52
3	26.6	21	47	19	12
4	22.3	31	20	25	10
5	45.2	20	26	71	86
6	28.6	10	12	18	92
7	21.74	5.8	10	32	53
8	24.2	16	12	22	57
9	16.9	7	6	35	30
10	27.1	68	3	19	10
11	37.8	88	8	27	18
12	26.5	8	7	50	60
平均	28.7	31.1	17.8	27.9	42.2

（2）补偿基数的确定

2014 年，固始县小麦播种面积 59.4 万亩，小麦总产量 1 782 万千克，小麦平均亩产 300 千克，亩均纯收益约 300 元。

我们调研的从事绿色小麦种植的 23 户农户（包括大规模经营农户 11 户和

小规模经营农户 12 户）的小麦亩均纯收益 255 元，一般种植与绿色种植的亩均纯收入差额为 45 元。因此，绿色小麦种植的补偿基数确定为 45 元。

（3）补偿金额的测算

根据上面计算出的农户绿色农业生产水平评价的综合指数和绿色小麦种植补偿基数，可以计算出绿色小麦种植补偿金额，即：补偿金额 = 补偿基数（A）+ 补偿基数（A）× 农户绿色农业生产水平综合指数范围内的补偿比例（B）（表 4-3～表 4-4）。

表 4-3 规模经营农户绿色农业生产水平补偿标准

农户序号	综合指数	补偿基数（A）	补偿比例（B）	补偿金额：$A+A×B$
1	64.4	45	0.8	81
2	77.0	45	0.8	81
3	77.7	45	0.8	81
4	84.6	45	1	90
5	51.7	45	0.6	72
6	71.0	45	0.8	81
7	78.0	45	0.8	81
8	60.0	45	0.6	72
9	58.7	45	0.6	72
10	46.3	45	0.6	72
11	76.2	45	0.8	81
平均	67.8	45	0.7	79

表 4-4 小农户绿色农业生产水平补偿标准

农户序号	综合指数	补偿基数（A）	补偿比例（B）	补偿金额：$A+A×B$
1	24.6	45	0.4	63
2	42.7	45	0.6	72
3	26.6	45	0.4	63
4	22.3	45	0.4	63
5	45.2	45	0.6	72
6	28.6	45	0.4	63

（续表）

农户序号	综合指数	补偿基数（A）	补偿比例（B）	补偿金额：$A+A\times B$
7	21.74	45	0.4	63
8	24.2	45	0.4	63
9	16.9	45	0.2	54
10	27.1	45	0.4	63
11	37.8	45	0.4	63
12	26.5	45	0.4	63
平均	28.7	45	0.4	64

通过调研了解到，2014 年固始县享受种粮补贴面积是 140 万亩，亩均种粮补贴标准为 113.17 元，其中：粮食直补补贴标准亩均为 16.91 元，综合补贴标准亩均为 96.26 元。

利用设计的绿色农业生产补偿测算方法，计算出的农户绿色农业生产亩均补偿金额为 71 元，低于现行的国家种粮亩均补贴标准，这个补偿标准在政府的承受能力范围之内，因此，这种计算方法有现实可行性，在绿色粮食种植补偿方面值得推广。

二、安徽省庐江县绿色水稻种植补偿标准测算

2015 年 7 月份，课题组赴安徽省庐江县汤池镇调研绿色农业种植情况。安徽省是化肥生产和使用大省。2014 年，全省化肥生产量 309.8 万吨，化肥施用量 338.4 万吨。据目前对安徽省土壤肥力和产量水平分析，化肥使用对粮食增产的贡献率在 40% 以上。虽然化肥对提高农业种植产量的作用很大，但存在问题也较突出：

一是化肥亩用量中等偏高，用量增加较快。全省耕地化肥平均用量 53.9 千克 / 亩、农作物播种平均用量 25.2 千克 / 亩，比全国亩均化肥用量高。据抽样调查计算，2007—2014 年，安徽省氮肥年平均施用量增加 3.21 万吨，磷肥年平均增长 0.5 万吨，钾肥用量年平均增加 2.56 万吨。近九年化肥年平均增长率 2.14%，有 3 年增幅超过 3%。二是有机肥资源利用率低，造成水体富营养

化。根据各地土肥报表统计，2014 年全省畜禽粪尿利用率为 36.6%，人粪尿利用率为 47.8%。大量农业有机质废弃物流入河流、湖泊，促使水体富营养化。

安徽省结合农业部《到 2020 年化肥使用量零增长行动方案》和《到 2020 年农药使用量零增长行动方案》精神，制定了《到 2020 年化肥使用量零增长行动方案》和《安徽省粮食作物病虫害绿色防控及节药行动实施方案》，决定从 2015 年开始，重点开展"九个专项行动"：粮食作物良种工程推进行动。耕地质量提升及节肥行动。病虫害绿色防控及节药行动。规模化高效节水灌溉行动。高标准农田建设推进行动。粮食生产全程机械化推进行动。粮食生产信息技术推进行动。绿色增产关键技术创新行动。粮食品牌效益提升行动。

通过绿色农业行动，实现粮食稳定生产。要实现粮食生产从粗放向集约发展，依靠科技，主攻单产，实现绿色增长。持续加强农业基础设施建设。统筹项目资金，加强农田水利等基础设施建设，实施耕地保护和质量提升，加快建设一批旱涝保收高标准农田。重点扩大水稻标准化育秧和机插秧、小麦旋耕播种施肥镇压复式作业、玉米机械化免耕直播面积；启动绿色增产模式攻关。在粮食高产创建示范片、高产攻关示范县和粮食生产绿色生产行动核心示范区，开展节肥、节药、节水行动，走数量质量效益并重的粮食绿色生产之路。

采取分层抽样方法，相关人员对安徽省庐江县汤池镇种植水稻的农户进行了问卷和询问相结合的调查。此次调查样本数为 120 户从事一般水稻种植的农户，13 户早稻绿色增产技术模式试验研究与示范展示点的绿色水稻种植的农户。

1. 一般种植与绿色种植的水稻成本收益对比

根据早稻绿色增产技术模式试验研究与示范展示点的 13 户农户调查，早稻的分蘖期一般在 4 月 10—30 日，只有短短的 20 天，以往在这个时期农户喷施除草剂去除杂草的同时，也抑制了水稻生长。现在示范点农户在专家指导下，在机插第二天，用浅水淹没稻田，使杂草不能萌生。同时，本季早稻田尽量不用杀虫剂，改用性激素诱杀害虫，也取得了不错的效果。我们从庐江县农技推广中心了解到，早稻绿色增产技术模式示范田单位产量稻谷的化肥和农药投入量下降 5% 以上，节水超过 10%，示范田秸秆还田率在 98% 以上。

以往采用常规方式种植早稻，每亩需用除草剂 40 元，杀虫剂和杀菌剂 60 元，而采用绿色增产技术模式种植早稻，节约农药成本 70 元/亩。在肥料施用上，亩用 100 斤菜粕再加上氯化钾和磷肥，每亩肥料成本 70 元，与常规早稻施肥成本相比，每亩节约肥料成本 110 元。

采用普通抛秧方式种植早稻，每亩投入成本 465 元，每亩单产 575 千克；采用毯状秧窄行机插绿色增产技术模式种植早稻，经专家测产，均产 572.4 千克/亩，每亩投入成本 415 元。从中可以发现，排除种植效益较低的直播方式，在另外两种种植方式中，虽然抛秧方式种植的早稻田，每亩单产要高出 2.6 千克，以 1.5 元/千克市场价格计算，增产 3.9 元/亩，但亩投入则要高出 50 元，两者相抵，采用毯状秧窄行机插绿色增产技术模式种植早稻每亩增收 46.10 元（表 4-5）。抛秧方式种植早稻单产即使略高，但抛秧方式每个人工一天只能栽稻 1 亩左右，劳动效率太低，特别是在劳动力缺乏的当下，这种植稻方式显然不适合规模种植水稻。

表 4-5 一般种植与绿色种植水稻农户的成本收益情况

内　容	绿色种植 （毯状秧窄行机插绿色增产技术模式）	一般种植 （采用普通抛秧方式）
种子（元/亩）	12	5
肥料（元/亩）	70	180
农药（元/亩）	30	100
机耕（元/亩）	68	35
机收（元/亩）	65	35
水电费（元/亩）	10	18
人工（元/亩）	160	92
成本小计（元/亩）	415	465
平均亩产（千克/亩）	572.4	575
价格（元/千克）	1.5	1.5
亩均纯收益（元/亩）	443.6	397.5

2. 补偿金额测算

（1）农户绿色农业生产水平评价

根据农户提供的基础数据，运用熵权灰色关联模型对 13 户示范点内从事绿色水稻种植的农户进行农业绿色生产水平评价（表 4-6）。

表 4-6 农户种植水稻绿色生产水平评价

农户序号	综合指数	农资使用	技术采用	知识水平	产销能力
1	72	71	62	96	65
2	67	89	40	83	60
3	73	80	55	78	85
4	90	81	96	90	92
5	83	82	86	73	90
6	64	72	63	20	99
7	78	59	88	87	81
8	73	79	65	91	59
9	84	97	77	92	65
10	73	69	82	79	60
11	75	71	68	76	89
12	53	73	38	19	80
13	58	78	46	28	76
平均	73	77.0	66.6	70.2	77.0

（2）补偿基数的确定

通过调研得知，一般种植水稻平均亩产为 575 千克，亩均纯收益 397.5 元。从事绿色水稻种植的 13 户农户种植水稻平均亩产为 572.4 千克，水稻亩均纯收益为 443.6 元，一般种植与绿色种植的亩均纯收入差额为 46.1 元。因此，绿色水稻种植农户补偿基数确定为 46.1 元。

（3）补偿金额的测算

根据上面计算出的农户绿色农业生产水平评价的综合指数和补偿基数，可以计算出补偿金额，即：补偿金额＝补偿基数（A）＋补偿基数（A）×农户绿色农业生产水平综合指数范围内的补偿比例（B）（表4-7）。

表 4-7　从事绿色水稻种植农户的补偿金额

农户序号	综合指数	补偿基数（A）	补偿比例（B）	补偿金额：$A+A×B$
1	72	46.1	0.8	83.0
2	67	46.1	0.8	83.0
3	73	46.1	0.8	83.0
4	90	46.1	1	92.2
5	83	46.1	1	92.2
6	64	46.1	0.8	83.0
7	78	46.1	0.8	83.0
8	73	46.1	0.8	83.0
9	84	46.1	1	92.2
10	73	46.1	0.8	83.0
11	75	46.1	0.8	83.0
12	53	46.1	0.6	73.8
13	58	46.1	0.6	73.8
平均	73	46.1	0.8	83.7

利用绿色农业生产补偿测算方法，计算出农户绿色水稻种植平均亩均补偿金额83.7元。可以看出，虽然水稻绿色种植模式比一般种植模式亩均纯收入高出46.1元，但是为了激励农户从事绿色农业生产，必须要对从事绿色农业生产的农户进行补偿。

三、内蒙古自治区通辽市绿色玉米种植补偿标准测算

1. 调研基本情况

通辽市是内蒙古自治区的产粮大市，也是内蒙古自治区的玉米主产区。

2015年6月，课题组对通辽市4个旗（县、区）进行了调研。调研本着"合理布局、代表性强"的原则，选取了有代表性、责任心强的60个农户作为调研对象，其中科尔沁区20户（其中绿色种植农户5户）、开鲁县15户（其中绿色种植农户3户）、科左中旗15户（其中绿色种植农户2户）、科左后旗10户（其中绿色种植农户1户），总体掌握了绿色种植和一般种植玉米的产销和成本利润情况。

2015年2月，农业部印发了《关于大力开展粮食绿色增产模式攻关的意见》。该意见强调，农业部决定组织开展粮食绿色增产模式攻关，创新思路、集中力量、攻克难点，集成推广高产高效、资源节约、环境友好的技术模式，促进生产与生态协调发展，探索有中国特色的粮食可持续发展之路，切实保障国家粮食安全。按照农业部《到2020年化肥使用量零增长行动方案》《到2020年农药使用量零增长行动方案》和《内蒙古东四盟市玉米"双增二百"科技行动实施方案》的有关要求，通辽市部署实施了具体方案，课题组选取了玉米科技行动示范点内的11户绿色玉米种植农户进行了调研。

玉米"双增二百"科技行动的主要技术措施包括：①改种高产耐密型品种：华农887、京科968等；②改粗放施肥为测土配方深施肥、前氮后移分次追肥。通过推广应用测土配方施肥技术，严格控制化肥施用量，氮、磷、钾配合使用，调整优化化肥使用结构；应用机械深施、水肥一体化，改进施肥方式；在适合时期施肥、分期施肥技术；采取推进有机肥替代化肥等措施，实现控肥增效、合理施肥、提高化肥利用率，减少肥料污染，提高耕地质量；③改人工种植为全程机械化作业，推广使用与主推技术模式相配套的新机械：起膜机、深松旋耕镇压一体机、全覆膜播种机、铺带播种机、大小垄播种机、覆膜精量播种机、深埋管带机、中耕施肥机、高地隙喷药施肥机等农机具；④改均垄种植为大小垄种植：大垄行距90厘米小垄行距30厘米，株距20厘米，种植密度5 500株/亩；⑤改大水漫灌为节水灌溉：滴灌、指针喷灌等；⑥改病虫害单户防治为绿色统防统治。

通过项目的实施，绿色种植模式成本较一般种植模式低36元，亩均纯收益低34元（表4-8）。

表 4-8　一般种植与绿色种植玉米农户的成本收益情况

内　容	绿色种植	一般种植
种子（元 / 亩）	52	38
肥料（元 / 亩）	132	236
农药（元 / 亩）	11	30
机耕（元 / 亩）	138	120
机收（元 / 亩）	150	136
水电费（元 / 亩）	69	110
人工（元 / 亩）	182	100
成本小计（元 / 亩）	734	770
平均亩产（千克 / 亩）	612	645
价格（元 / 千克）	2.12	2.12
亩均纯收益（元 / 亩）	563	597

2. 补偿金额测算

（1）农户绿色农业生产水平评价

根据农户提供的基础数据，运用熵权灰色关联模型对 11 户示范点内从事绿色玉米种植的农户进行农业绿色生产水平评价（表 4-9）。

表 4-9　农户种植玉米绿色生产水平评价

农户序号	综合指数	农资使用	技术采用	知识水平	产销能力
1	76	91	65	70	78
2	83	100	67	85	80
3	81	67	80	96	86
4	68	81	72	28	81
5	78	80	73	77	83
6	72	57	67	82	91
7	63	63	60	59	71
8	81	99	60	97	69
9	85	86	85	92	78

（续表）

农户序号	综合指数	农资使用	技术采用	知识水平	产销能力
10	72	52	71	88	87
11	60	65	61	27	82
平均	67	69	70	37	88

（2）补偿基数的确定

通过调研得知，一般种植玉米平均亩产为 645 千克，亩均纯收益 597 元。从事绿色玉米种植的 11 户农户种植玉米平均亩产为 612 千克，玉米亩均纯收益为 563 元，一般种植与绿色种植的亩均纯收入差额为 36 元。因此，绿色玉米种植农户补偿基数确定为 36 元。

（3）补偿金额的测算

根据上面计算出的农户绿色农业生产水平评价的综合指数和补偿基数，可以计算出补偿金额，即：补偿金额 = 补偿基数（A）+ 补偿基数（A）× 农户绿色农业生产水平综合指数范围内的补偿比例（B）（表 4-10）。

表 4-10　从事绿色玉米种植农户的补偿金额

农户序号	综合指数	补偿基数（A）	补偿比例（B）	补偿金额：$A+A \times B$
1	76	36	0.8	64.8
2	83	36	1	72.0
3	81	36	1	72.0
4	68	36	0.8	64.8
5	78	36	0.8	64.8
6	72	36	0.8	64.8
7	63	36	0.8	64.8
8	81	36	1	72.0
9	85	36	1	72.0
10	72	36	0.8	64.8
11	60	36	0.8	64.8
平均	67	36	0.8	64.8

利用绿色农业生产补偿测算方法，计算出农户绿色玉米种植平均亩均补偿金额 64.8 元。通过以上计算可以看出，粮食作物中，小麦、水稻、玉米绿色种植模式亩均补偿金额分别为 96.26 元、83.7 元和 64.8 元。

四、安徽省合肥市郊区绿色蔬菜种植补偿标准测算

2015 年 7 月，我们采取分层抽样方法，对安徽省合肥市郊区种植蔬菜的农户进行了问卷和询问相结合的调查。调查对象主要包括西红柿、黄瓜、菜椒、茄子等 6 种蔬菜，此次调查样本数为 150 户从事一般蔬菜种植的农户和 16 户从事绿色蔬菜种植的农户。

1. 一般种植与绿色种植的蔬菜成本收益对比

（1）设施西红柿

一般种植情况下，平均亩产 4 957 千克，每千克出售价格 2.16 元，产值 10 707 元，种植总成本 6 726.59 元，每亩净利润 3 980.41 元。在种植总成本中，人工费用 4 693.69 元，大棚及农膜等固定资产折旧 861.34 元，其他如种子、农药、机械作业及排灌等费用合计 277.51 元，土地成本 300 元；化肥及农家肥 594.05 元。

绿色种植情况下：平均亩产 3 966 千克，每千克出售价格 2.81 元，产值 11 135 元，种植总成本 8 655 元，每亩净利润 2 480 元。在种植总成本中，人工费用 6 102 元，其他如大棚、种子、肥料、机械作业及灌溉设施等费用合计 2 253 元，土地成本 300 元。

（2）设施黄瓜

平均亩产 4 942.50 千克，每千克出售价格 2 元；产值 9 871.30 元，；种植总成本 6 560.69 元；每亩净利润 3 310.61 元，在种植总成本中，人工费用 4 338.21 元，大棚及农膜等固定资产折旧 864.83 元，其他如种子、农药、机械作业及排灌等费用合计 401.99 元；土地成本 300 元、化肥及农家肥 655.66 元。

绿色种植情况下：平均亩产 3 954 千克，每千克出售价格 2.60 元，产值 10 279 元，种植总成本 8 439 元，每亩净利润 1841 元。在种植总成本中，人

工费用 5 639 元，其他如大棚、种子、肥料、机械作业及灌溉设施等费用合计 2 499 元，土地成本 300 元。

（3）设施茄子

平均亩产 4 389.17 千克，每千克出售价格 2.44 元；产值 10 688.5 元；种植总成本 5 623.85 元；每亩净利润 5 064.65 元，在种植总成本中，人工费用 3 545.43 元；大棚及农膜等固定资产折旧 852.73 元，其他如种子、农药、机械作业及排灌等费用合计 277.5 元；土地成本 300 元；化肥及农家肥 648.19 元。

绿色种植情况下：平均亩产 3 511 千克，每千克出售价格 3.17 元，产值 11 138 元，种植总成本 7 220 元，每亩净利润 3 917 元。在种植总成本中，人工费用 4 609 元，其他如大棚、种子、肥料、机械作业及灌溉设施等费用合计 2 312 元，土地成本 300 元。

（4）设施菜椒

平均亩产 3 815.83 千克，每千克出售价格 2.60 元，产值 9 902.02 元，；种植总成本 5 468.27 元；每亩净利润 4 433.75 元，在种植总成本中，人工费用 3 420.90 元，大棚及农膜等固定资产折旧 863.06 元，土地成本 300 元，其他如种子、农药、机械作业及排灌等费用合计 251.55 元，化肥及农家肥 632.76 元，

绿色种植情况下：平均亩产 3 053 千克，每千克出售价格 3.38 元，产值 10 318 元，种植总成本 7 019 元，每亩净利润 3 300 元。在种植总成本中，人工费用 4 447 元，其他如大棚、种子、肥料、机械作业及灌溉设施等费用合计 2 272 元，土地成本 300 元。

（5）露地西红柿

平均亩产 3 878.11 千克；每千克出售价格 2.23 元，产值 8 628.72 元，；种植总成本 5 831.46 元，每亩净利润 2 797.26 元。

在种植总成本中，人工费用 4 339.73 元，土地成本 360.87 元，固定资产折旧及农膜等 173.91 元；其他如种子、农药、机械作业及排灌等费用合计 296.70 元，化肥及农家肥 660.25 元。

绿色种植情况下：平均亩产 3 102 千克，每千克出售价格 2.90 元，产值 8 994 元，种植总成本 7 473 元，每亩净利润 1 521 元。在种植总成本中，人

工费用 5 642 元，其他如大棚、种子、肥料、机械作业及灌溉设施等费用合计 1 470 元，土地成本 361 元。

（6）露地黄瓜

平均亩产 3 588.33 千克；每千克出售价格 2.13 元；产值 7 630.67 元；种植总成本 5 663.61 元；每亩净利润 1 967.06 元，在种植总成本中，人工费用 3 905.47 元，土地成本 363.33 元，固定资产折旧及农膜等 249.52 元，其他如种子、农药、机械作业及排灌等费用合计 410.55 元；化肥及农家肥 734.74 元。

绿色种植情况下：平均亩产 2 870 千克，每千克出售价格 2.77 元，产值 7 948 元，种植总成本 7 253 元，每亩净利润 695 元。在种植总成本中，人工费用 5 077 元，其他如大棚、种子、肥料、机械作业及灌溉设施等费用合计 1 813 元，土地成本 363 元。

一般种植情况下，调查户 6 个品种蔬菜平均亩产量 4 262 千克，6 个品种蔬菜每千克平均出售价格 2.25 元，亩均净利润 3 592 元。

绿色种植情况下：调查户 6 个品种蔬菜平均亩产量 3 409 千克，6 个品种蔬菜每千克平均出售价格 2.92 元，亩均净利润 2 292 元。

2014 年，调查户 6 个品种蔬菜亩均产值、总成本及净利润汇总情况见表 4-11 和表 4-12。

表 4-11　一般种植农户的蔬菜成本收益情况

| 种植品种 | 亩均产值 | 亩均总成本 | | | | | | | 亩均净利润 |
		人工成本	占总成本比重	物质与服务费用	占总成本比重	土地成本	占总成本比重	总成本合计	
设施西红柿	10 707	4 694	69.78%	1 733	25.76%	300	4.46%	6 727	3 980
设施黄瓜	9 871	4 338	66.12%	1 922	29.30%	300	4.57%	6 560	3 311
设施茄子	10 689	3 545	63.04%	1 778	31.63%	300	5.33%	5 623	5 066
设施菜椒	9 902	3 421	62.56%	1 747	31.95%	300	5.49%	5 468	4 434
露地西红柿	8 629	4 340	74.42%	1 131	19.39%	361	6.19%	5 832	2 797
露地黄瓜	7 631	3 905	68.96%	1 395	24.63%	363	6.41%	5 663	1 968
平　均	9 571.5	4 041	67.58%	1 618	27.05%	321	5.37%	5 980	3 592

表4-12　绿色种植农户的蔬菜成本收益情况

种植品种	亩均产值	亩均总成本							亩均净利润
		人工成本	占总成本比重	物质与服务费用	占总成本比重	土地成本	占总成本比重	总成本合计	
设施西红柿	11 135	6 102	70.51%	2 253	26.03%	300	3.47%	8 655	2 480
设施黄瓜	10 279	5 639	66.83%	2 499	29.62%	300	3.56%	8 439	1 841
设施茄子	11 138	4 609	63.83%	2 312	32.02%	300	4.15%	7 220	3 917
设施菜椒	10 318	4 447	63.36%	2 272	32.36%	300	4.27%	7 019	3 300
露地西红柿	8 994	5 642	75.50%	1 470	19.67%	361	4.83%	7 473	1 521
露地黄瓜	7 948	5 077	69.99%	1 813	25.00%	363	5.00%	7 253	695
平　均	9 969	5 253	68.43%	2 103	27.40%	321	4.18%	7 677	2 292

通过调研了解到，如果从事绿色蔬菜种植，用生物肥料，产量本就低一些，一旦遇病虫害后，只能用药效比较差的生物农药，减产乃至绝产不可避免。平均算下来，绿色蔬菜的亩产是普通蔬菜的80%左右，而生物肥料和生物农药的价格高，因此，最终的出售价格要高出普通蔬菜的四成左右。

2. 补偿金额测算

（1）农户绿色农业生产水平评价

根据农户提供的基础数据，运用熵权灰色关联模型对16户从事绿色蔬菜种植的农户进行农业绿色生产水平评价（表4-13）。

表4-13　农户种植蔬菜绿色生产水平评价

农户序号	综合指数	农资使用	技术采用	知识水平	产销能力
1	76	80	86	52	80
2	47	21	13	95	89
3	18	12	26	15	20
4	62	27	80	52	95
5	58	59	36	68	80
6	58	66	50	33	81
7	58	53	37	85	69

农户序号	综合指数	农资使用	技术采用	知识水平	产销能力
8	35	37	38	10	50
9	40	31	29	18	92
10	59	50	52	68	73
11	85	86	80	81	96
12	56	16	72	58	90
13	60	15	80	67	90
14	59	45	68	35	90
15	35	25	69	10	26
16	27	12	23	50	30
平均	52	40	52	50	72

（2）补偿基数的确定

2014 年，合肥市郊区一般种植蔬菜平均亩产为 4 262 千克，亩均纯收益 3 592 元。我们调研的从事绿色蔬菜种植的 16 户农户种植蔬菜平均亩产为 3 409 千克，蔬菜亩均纯收益为 2 292 元，一般种植与绿色种植的亩均纯收入差额为 1 300 元。因此，绿色蔬菜种植农户补偿基数确定为 1 300 元。

（3）补偿金额的测算

根据上面计算出的农户绿色农业生产水平评价的综合指数和补偿基数，可以计算出补偿金额，即：补偿金额 = 补偿基数（A）＋补偿基数（A）×农户绿色农业生产水平综合指数范围内的补偿比例（B）（表4-14）。

表 4-14　从事绿色蔬菜种植农户的补偿金额

农户序号	综合指数	补偿基数（A）	补偿比例（B）	补偿金额：$A+A \times B$
1	76	1 300	0.08	234
2	47	1 300	0.06	208
3	18	1 300	0.02	156
4	62	1 300	0.08	234
5	58	1 300	0.06	208
6	58	1 300	0.06	208

农户序号	综合指数	补偿基数（A）	补偿比例（B）	补偿金额：$A+A \times B$
7	58	1 300	0.06	208
8	35	1 300	0.04	182
9	40	1 300	0.04	182
10	59	1 300	0.06	208
11	85	1 300	0.10	260
12	56	1 300	0.06	208
13	60	1 300	0.06	208
14	59	1 300	0.06	208
15	35	1 300	0.04	182
16	27	1 300	0.04	182
平均	52	1 300		205

利用绿色农业生产补偿测算方法，计算出农户绿色蔬菜种植平均亩均补偿金额205元，较我们之前计算的固始县从事绿色小麦种植补偿金额平均多134元。

由于无论是一般种植还是绿色种植，经济作物的效益要比粮食作物高，导致补偿金额高也是合理的，而且这个补偿标准也在政府的承受能力范围之内，因此，这种计算方法有现实可行性，在绿色蔬菜种植补偿方面值得推广。

第五章　绿色农业生产补偿对象及补偿资金来源

一、绿色农业生产补偿对象

绿色农业生产补偿对象是绿色农产品生产者。在我国，农产品的生产者主要包括农业企业、农村专业合作组织和农户。虽然也对众多的分散化小农户进行绿色农业生产补偿，但重点要对农业企业、农村专业合作组织和达到一定生产规模的农户实施绿色农业生产补偿。以此鼓励农业经营者进行绿色农业生产，实现对绿色农业的推广和发展。

二、绿色农业生产补偿资金来源

国家必须在政策和资金投入上，给予必要的扶持。国际通用的补偿方式主要包括政府补偿与市场补偿。我国现阶段主要以政府补偿为主，这种方式在补偿实施的初始阶段扮演着至关重要的角色，随着市场机制的逐渐成熟，可逐步引入市场补偿方式。

1. 建立政府补偿机制

财政转移支付。构建有利于绿色农业生产补偿的财政转移支付措施。财政转移支付是进行绿色农业生产补偿最为直接的一种措施，其所获得的成效也更为显著一般来说，财政转移支付措施通常包含补与免2个层面，而我国从 2005 年就已经开始在全国实施减免农业税，并且在减免的基础上给予农田 10 元 /667 平方米的补贴，补偿的具体时间也从最初开始的 3 年逐渐延长到当前的 5 年，相应的补偿标准也是严格根据我国经济发展情况进行对应的调整，并且在农业机械、农业化肥以及农业种子等各个方面也给予了相应的优惠除此之外，我国还应当保障广大农民从事农业生产的经济收入，通过有效提升粮食的收购价格，应用财政措施保障广大农民群体不会因市场等因素导致粮食价格降低而蒙受相应的经济损失，尤其针对社会效益与生态效益良好的绿色农业生产，必须要给予相应的政策倾斜，不断增加财政方面的转移支付补偿。

专项资金。专项资金是国家用于绿色农业生产补偿项目的专项拨款，专项资金为绿色农业生产补偿项目的实施提供了基本的物质保证，在各国都被普遍采用。我国最大的农业生态补偿项目退耕还林也是如此，该项目由国家提供原粮和种苗费及生活补助，退耕还林项目期满后，国家还设立后续专项建设资金，用于巩固退耕还林成果。

绿色农业生产补偿基金。农业生态补偿基金是为了弥补国家用于绿色农业生产补偿的财政资金不足而设立，是专项用于绿色农业生产补偿的政府性基金，可以由各级政府涉农部门和环保部门牵头设立。基金资金来源应包括 4 个部分：一是政府财政拨款，二是绿色农业生产效应受益地、绿色农业生产效应生产地政府间的横向转移支付，三是社会上法人和自然人以及国外的捐赠和援助，四是基金本身运行取得的投资收益和利息收入。在基金的管理和使用上，可以参考民政部、财政部制定的非政府组织的基金管理办法进行，基金主要用于弥补农村生态环境建设投入的不足、农村新能源开发利用、农业生态补偿机制的研究等事项。

2. 建立市场补偿机制

在市场经济条件下，市场是优化资源配置的基础，对于绿色农业生产补偿也不例外。绿色农业生产补偿的资金，不应只依靠国家和地方财政，更应该发挥市场机制的作用，在全社会范围内融资，一方面缓解了中央和地方的财政压力，一方面也可以使更多的个人和组织参与到农业生产补偿计划中来。

首先，要培育和发展资本市场，利用股票市场支持有利于绿色农业生产的企业进行股份制改造。其次，可以发行生态环保债券，通过社会的力量将资金引到绿色农业生产补偿项目上来；当然，在适当的条件下，可以引进国际信贷，根据近几年的趋势，国际上对于"绿色环保工程"的贷款数量不断增加，我国可以借此机会，改造对生态环境有破坏的农业生产方式，发展生态环保农业。

农产品交易方面可以效仿此类做法，对于生产出来的绿色农产品，在市场出售的过程中，加上农产品生态标记，农产品以一个较高的价格出售，这一价格既包含了农业生产的成本，又包含了对农业生产者为保护生态环境做出牺牲的补偿。

第六章 绿色农业生产补偿的政策保障

绿色生态农业，已成为21世纪全球农业发展的主导模式和主要潮流。新世纪以来，中国高度重视绿色农业发展，被世界可持续农业协会评为"全球可持续农业发展20个最成功模式之一"。然而，与部分发达国家相较，我国绿色农业建设仍存在很大差距，各国先进发展经验值得借鉴。对生态农业采取积极支持政策，是发挥长效作用的措施。各国大都制定了专门政策，支持生态农业发展：把发展生态农业资金列入国家财政预算，实施税收优惠减免措施，对生态农业先进者给予奖励等。在德国，政府建立和实行多种农业生态补偿方式，包括财政转移支付、直接支付、限额交易支付和直接交易支付等。德国实施补偿方式，大多通过项目对向生态农业体系转型的农场主提供资金支持，并多与相应环保措施挂钩。在以上研究的基础上，提出全面推进绿色农业生产补偿的政策措施。

一、要为绿色农业生产创造良好的发展环境

各级政府部门要为绿色农业生产创造良好的环境，大力改善生态环境，综合治理水土流失，改善土壤质量；提高城市垃圾和污水处理率，减少垃圾和污水排放量；加大水污染治理力度，建设一批关系全局的大型水利枢纽和调水工程，改善农业和生态用水条件。同时，要进一步推进种子工程建设，加快农产品品种改良步伐，引进和推广绿色高产优质品种和先进生产加工方式，为有机农产品出口创造有利的政策环境。

二、增加投入加大对绿色农业的扶持力度

发展绿色农业，提供绿色产品，是一项任务艰巨、投资巨大的系统工程，增加投入是绿色农业得以顺利发展的重要支撑。为此，必须按照市场经济发展

的要求，建立多渠道、多层次、多方位、多形式的投入机制，尽快建立和完善农业、林业、水保基金制度，水土保持设施、森林生态效益、农业生态环境保护补偿制度，海域使用有偿制度等。财政支持是使绿色农业健康发展的基础，各级财政每年都应安排一定规模的资金，作为绿色农业的专项资金，主要用于绿色农业生产基地建设、技术培训、龙头企业技术改造等方面。同时，积极拓宽投融资渠道，鼓励工商企业投资发展绿色农业，逐步形成政府、企业、农民共同投入的机制。鼓励和扶持市场前景好、科技含量高并已形成规模效益的绿色农产品高新技术企业上市，从而加速推进绿色农业的发展。

三、统筹规划循序渐进发展绿色农业

绿色农业的发展，必须结合当地的实际情况，先易后难，分期分批地建设绿色农业生产基地。可根据当地的农业生态环境质量，以及其他条件是否适宜于发展绿色农业等状况，划分农业生态环境重点保护区（绿色农产品生产适宜区）、农业生态环境保护与治理结合区（绿色农产品生产次适宜区）以及农业生态环境重点治理区（绿色农产品生产不适宜区）。在绿色农产品生产适宜区，可直接按照绿色农业生产要求，进行绿色农产品生产。而在一些环境污染程度较轻，而且主要为生活废弃物污染和农业面源污染的区域，可在综合治理的基础上，按照放心农产品、无公害农产品的生产要求发展生产，并加速向绿色农业过度。对于生活废弃物污染比较严重，工业"三废"污染源短期内难以整治消除，大气污染、水污染、土壤环境中有害物质含量相对较高的区域，须在期限该种非食物类作物或生态林的同时，采取切实有效措施，来控制、治理污染，改善生态环境条件，然后，再按照放心农产品、无公害农产品的生产要求循序渐进地发展生产，在此基础上，逐步向绿色农业过渡。

四、科学规划逐步扩展绿色农业生产补偿范围

一是确定优先补偿项目。可将农业生态环境效益显著且具有较强操作性的项目确定为优先补偿项目，率先在全国范围内实施，这主要是综合考虑补偿的紧迫性和可操作性两个方面。建议重点实施退耕免耕项目、秸秆综合利用补偿

项目、畜禽粪便资源化利用补偿项目、农业投入品废弃物回收利用补偿项目和绿色农产品的开发与认证项目。

二是确定可选补偿项目。由于不同地区的经济发展水平和生态环境状况存在差异，需要根据具体情况选择实施相应的绿色农业生产项目进行补偿，同时要考虑技术与资金的约束。建议重点实施化肥和农药减施补偿项目，选择在一些污染严重地区尝试进行；重点实施休耕项目和免耕项目。

五、依托项目实施绿色农业生产补偿

依托项目管理实施绿色农业生产补偿政策具有重要的实践意义，是发达国家农业环境保护的成功经验之一，以项目工程为主的补偿方式便于操作。目前根据我国实际需要，可重点开展以下几种绿色农业生产补偿项目：一是休耕补偿项目；二是免耕补偿项目；三是水源地保护项目；四是化肥和农药减施补偿项目；五是畜禽粪便资源化利用补偿项目；六是秸秆综合利用补偿项目；七是废弃农膜回收利用补偿项目。

六、开展绿色农业生产补偿示范区和试点工作

针对上述已开展项目地区间发展不平衡的情况，可选择实施已获得的成功实践经验和模式，开展诸如测土配方施肥工程、农村沼气工程等的绿色农业生产补偿示范区工作，促进循环农业的发展。对于上述未开展的绿色农业生产补偿项目，可以选择菜篮子基地和粮食主产区开展试点示范，引导各地绿色农业生产示范基地建设。对于特定禁产区绿色农业生产补偿项目，可选择禁产地区开展生态补偿试点工作，做到先试点后推广，从而促进补偿工作健康有序的发展。

七、完善绿色农业生产标记制度

生态标记是市场补偿机制的具体运行方式之一。政府应充分发挥政策的引导职能，逐步建立起农产品认证与环境标志制度，应对经过农产品认证并使用环境标志的农户给予补贴，并适当抬高这类产品的市场价格。一方面消费

者通过生态认证标志所传递出来的农产品质量安全信息，以较高的价格购买、消费无公害产品、有机产品或绿色农产品，从而使农业生产者间接获得经济补偿；另一方面农业生产者通过消费者的选择和消费行为，并依托市场价格机制，获得了较高的补偿或回报，在此引导下，农业生产者自觉改变高消耗、高污染的传统农业生产方式，采用环境友好农业生产方式，进而提高农业生产环境效益。

八、完善绿色农业生产补偿实施评价制度

对绿色农业生产补偿的实施过程以及运行效果进行评价，即对绿色农业生产补偿实施过程中各个环节的实施情况和绿色农业生产补偿可以达到的预期效果的评价，为以后其他生态偿制度的设计做铺垫。一是评价依据。对绿色农业生产补偿实施效果的评价依据应以绿色农业生产补偿的目的和价值为依托来确立。二是评价内容。主要包括绿色农业生产补偿主体、补偿对象、补偿客体及补偿方式和补偿标准等，绿色农业生产补偿资金到位情况，非资金形式及实施情况，补偿对地区居民生活状况的改善情况，绿色农业生产补偿政策制定的合理性及政策制定过程中群众的参与配合情况，绿色农业生产补偿机制运行的完善程度和效率，绿色农业生产补偿政策实施的效果，包括经济效益、社会效益和环境效益等。三是评价结果。对绿色农业生产补偿实施的评价结果可根据评价情况分为若干等级。

九、增强利益相关者对绿色农业生产补偿的认知与参与

一是要提升绿色农业生产补偿的理念，要通过多种途径加强对绿色农业生产补偿的重要性、紧迫性和生态有价等知识理念的宣传，提高对绿色农业生产补偿的认知度。二是要加强对绿色农业生产补偿的自我监督意识。要努力提升普通群众的维权意识，使公民能自觉进行绿色农业生产补偿或对绿色农业生产补偿工作的执行进行监督。三是要加强利益相关者在补偿过程中的实质性参与。采取多种渠道保证农民掌握我国的相关政策法规、补偿资金的分配、具体的补偿方式等。

十、加强技术支撑，实现绿色农业科技创新与扩散

高度重视绿色生态农业科研和教育，是增强绿色生态农业发展动力的关键。很多国家非常注重以现代科技为依据，密切结合生态农业科研与教学、推广。也有许多大学、科研院所定向培养生态农业科研技术人员。自 2002 年起，美国政府就实施有机农业研究和推广计划，2003 年以来的 10 年间共提供经费9300 万美元，资助重点包括有机农业环境及效果、有机农场生产与社会经济状况、利用田间试验方法鉴别有机产品特点等。

农业技术进步一般包括技术创新、技术推广、技术应用制度和政策 3 个方面。目前我国在绿色农业的实践中，还缺乏技术措施的研究，既包括传统技术如何发展，也包括高新技术如何引进等问题。必须构筑加强原始性创新，并从注重单项技术创新转变到更加强调各种技术的集成，强调在集成基础上形成有竞争力的产品和产业。例如，有机肥料源短缺在化学肥料运用前有机肥料主要来源于人畜粪便和水稻秆等，但目前水稻等作物的秸秆都被利用所以有机肥料来源短缺，绿色农业科技创新应着力解决此类实际问题。

在技术应用制度和政策方面，因对生产者是否采用新技术缺乏约束机制，使技术向生产的导入成为一种自由行为而导入慢；缺乏把农业技术推广由政府行为和福利性社会化服务转变生产者自愿行为和商品化服务的配套政策。因此，制定与完善有关政策时，应强调农科教结合，产学研结合，使技术创新力量集中、目标统一；应注重科技发展的目标方向、技术结构及其着力点，如发展节水技术、生物技术及基因遗传工程、微生物酶技术及秸秆高效利用等选择；应通过农业技术经济政策的研究、教育与实施，进一步提高绿色技术创新、推广与应用的动力、能力与结合力。

十一、制定绿色农业生产补偿的政策法律法规

农业生态环境作为生态产品是自然界的一个重要构成部分，其重要的生态价值使其在自然界的物中也占有一席之地。然而，作为一个抽象的概念，生态产品无论是其价值的计算，保护的复杂性还是其公共产品属性，都与我们日常

生活中所接触的一般物又有太多的不同，需要通过一系列的特殊法律规定来妥善安排其错综复杂的资源关系，保证各权利人（义务人）各安其位，在实现自然资源的有效配置和利用的同时，保护农业生态环境的可持续发展。

加强绿色农业生产补偿的法律法规保障体系建设。20世纪90年代以来，部分发达国家就生态农业补偿建立了相关法规体系。美国制定了《有机食品质量法》，加拿大制定了《加拿大农产品法》《加拿大谷物法》等，欧盟颁布了《欧共体生态农业条例》。在欧盟相关法律基础上，德国制定了本国的《生态农业法》《土地资源保护法》《垃圾处理法》等。通过法律手段，让绿色生态农业发展实现了有利的社会外部氛围及内部"软环境"整合，对其健康发展发挥有力的保障作用。

实践发展永无止境，理论创新也应永无止境。绿色农业生产补偿的实施离不开法律制度的支持和保障。当前，我国绿色农业生产补偿法律机制还不完善，在立法、执法和法律监督方面存在不同程度的缺陷。首先，绿色农业生产补偿缺乏完善的法律依据，这是目前绿色农业生产补偿法律建设中最突出的问题，严重制约了我国绿色农业生产补偿的发展。长期以来，我国绿色农业生产补偿的立法落后于生态保护和建设的需要，部分法规条例已经难以适应新的体制变化和经济发展的需要，对新的生态问题和生态保护方式缺乏有效的法律支持。其次，国家为实施退耕还林、天然林保护、退牧还草、三北防护林建设等农业生态环境补偿建设重点工程，颁布了一系列法律规定，但在推行的过程中仍存在执法不严等问题，不利于农业生态环境补偿的施行。由于缺乏有效的法律监督机制绿色农业生产补偿得不到有效落实，相关利益人的权益得不到有效保护，农业生态环境保护的积极性下降。再次，法律救济的途径还不健全，农业生态环境补偿的渠道较为单一，无法满足现实补偿的需要。

我国绿色农业生产补偿的法律制定明显落后于绿色农业实践的发展，部分法规条例已经难以适应新的体制变化和经济发展的需要，农业生态环境立法在层面上缺乏系统性和完整性。目前我国政府急需要制定一部完整健全的《农业生态补偿法》或者《农业生态补偿条例》，并把绿色农业生产补偿列为其中的重要内容，为我国绿色农业生产补偿制度建设和实践操作提供法律保障和政策支持。第一，从立法上确认绿色农业生产的补偿权利，这是实现绿色农业生产效益保护的合法宣言书。第二，在立法上建立绿色农业生产的补偿机制。

十二、发挥政府主导作用 增强政府实施绿色农业生产补偿的积极性

绿色农业生态补偿公益性很强，补偿主体难以获取相应投资回报。没有政府组织，难以规定环境受益方、环境保护方和环境破坏方的利益分配关系；单靠农民自身经济力量和社会大众，难以解决生态环境问题和实施可持续发展的农业经营。

目前，政府实施绿色农业生产补偿缺乏积极性。绿色农业生产补偿需要中央政府和地方政府的共同协调。中央政府主要进行宏观调控，制定绿色农业生产补偿方向性和纲领性的法律、法规、政策、规定，指导地方绿色农业生产补偿工作的开展。地方政府则应在中央政府的指导下，根据当地的实际情况，因地制宜地开展绿色农业生产补偿工作，制定地方性法规政策，发放补偿金等。

然而，各级政府实施绿色农业生产补偿的积极性并不高。一方面，绿色农业生产补偿对政府的收益没有直接、明显的帮助，但是政府却需要为此支付大量的成本。同时，农业生态环境的保护是一个长期的过程，绿色农业生产补偿短期内效果不明显，且运作和管理复杂。相较于生态环境保护这种见效慢、成本高的项目，许多地方政府更愿意将资金投入到高效益、低成本的项目，以短期内增加政府的收益，提升政府绩效。另一方面，我国农业生态环境脆弱的地区，大部分是经济发展相对落后的地区，地方财政并不宽裕。政府将资金用于绿色农业生产补偿，也意味着用于其他方面的资金减少，给政府的财政造成巨大的压力。此外，中央政府对地方政府绿色农业生产补偿工作的开展尚未建立有效的激励机制，由于缺少相应的激励机制，地方政府对绿色农业生产补偿抱着无所谓的态度，绿色农业生产补偿工作也就无法做好。

绿色农业生态补偿涉及补偿主体、补偿对象及补偿途径、补偿标准等多个复杂问题，需系统整合才能发挥最大作用和效力，因此政府必须发挥主导作

用，统筹协调农业部门、环保部门、产业部门及财政综合管理部门，实施纵向的集中管理，有利于提高绿色农业生产补偿的实施效率。

十三、维护政府主导地位发挥市场机制的调节作用

在美国，政府购买模式或者补偿是支付生态环境服务的主要方式。如美国农业部农场服务局（FSA）和自然资源保护局（NRCS）管理着美国50余个与农业生态补偿有关的项目，保护着美国5亿多公顷的农场、牧场和私人林地。总结美国长期实施生态补偿项目的经验，政府虽然是生态效益最主要的购买者，但市场机制在生态补偿中的作用仍然是不可小觑的。政府可以运用经济政策和市场机制来使生态效益得到提高。如美国在CRP项目实施中，遵循市场机制，引入竞争机制，采纳招投标制度，尊重农民参与意愿与补偿诉求，政府在此基础上采用科学的评价指标进行综合评价，合理确定支付标准。中国目前的绿色农业生产补偿制度将政府命令与控制措施摆在首位，弱化了市场的作用，补偿评价机制也还很不成熟。为了减轻政府的财政压力，解决好政府补偿中存在的盲点和政府失灵状况，提高绿色农业生产补偿效率，中国应在继续发挥政府主导作用的基础上，逐步完善绿色农业生产补偿交易机制、价格机制，发挥市场机制对绿色农业资源供求的引导和调节作用。

十四、促进不同模式绿色农业生产的发展

加强对绿色农业生产组合技术开发与推广的政策支持，加强环境保护、生态健康知识的宣传与普及工作，并促使各级基层组织努力挖掘自身潜力，因地制宜地发展各具特色的绿色农业生产；加强对农民和农业干部的科普教育和技术培训，并积极组织资金保障绿色农业生产的前期投入；颁布绿色农业产品、效益的量化标准，并以征收生态、环境保护调节税等办法将外部因素内部化，保证绿色产业与传统产业公平竞争，以市场的力量促进传统生产经营模式的逐步淘汰和绿色农业生产模式的长足发展；改革农村土地制度，促进绿色农业产业化，保证绿色农业经济效益的提高。

十五、建立完善绿色农产品标准体系和绿色农产品质量控制监管体系

要制定严格的农产品绿色质量标准，并由权威机构主持绿色标志认证工作，使自己的产品符合国际认证制度，明确昭示产品的优秀特质，提高绿色产品竞争力。充分借鉴发达国家的经验和标准，培养一批专家来从事产品的认证工作。这项工作必须严谨务实，切不可因为认证不实损坏产品市场声誉，酿成不可弥补的市场损失。因此，要在国际市场上创出牌子，就必须确保质量，建立信誉。

着眼于国内外市场，加速绿色农产品的标准化体系建设，对环境质量、生产技术、产品质量、包装储运、保鲜等各个环节均实行标准化管理。强化绿色农产品监督检测体系建设，农业、技术监测、环保、工商等有关部门要加强协作，全程监控，建立完备的基地建设、环境监测，产品质检和市场监督等管理体系，加快国家、地方各级检测体系的综合能力和技术水平。完善绿色农产品质量安全认证体系，以及产品申报、审批、标志和证书使用等信息体系，充分利用社会舆论监督保障体系，引导生产者、经营者和消费者共同创造绿色市场，不断提升绿色农业产业水平。

十六、科学设计绿色农业生产水平评价指标合理制定绿色农业生产补偿标准

从 20 世纪 90 年代起，美国在生态环境立法与保护过程中全面引入 EBI 评价体系。EBI 包含多种环境方面考虑和合同成本推测的指标，以公益环境指标为依据由公共团体按照差别标准的方法进行评定，是美国农业生态补偿评价制度的核心。美国农业生态补偿标准是以环境指标为依据由公共团体按照差别标准的方法进行评定，补偿标准具有弹性化的特点，体现了区域的差异性，有利于生态补偿政策的推广实施和生态受损主体诉求的表达，提高了公民参与生态补偿的积极性。中国目前还没有法律形式的绿色农业生产补偿核心评价体系，补偿标准一律由政府确定，仅考虑现实经济利益，忽视了相关利益主体的

意愿，因此造成现实中绿色农业生产补偿标准不合理、农户参与绿色农业生产补偿积极性不高的局面。因此，中国可参考美国的效益评价系统，将经济效益、社会效益和生态效益纳入评价体系之中，建立适合中国经济社会发展水平的绿色农业生产补偿综合评价体系。同时，在尊重农民个人权益和主观诉求的基础上，根据各地自然和经济发展条件制定相适应的补偿标准，凸显补偿标准的科学性、公平性和弹性化。

十七、培养新型农民

农民是绿色农业的主体和依靠力量，建设绿色农业，必须培养新农民，必须大力培养造就一大批有文化、懂技术、会经营的新型农民，为绿色农业发展奠定坚实稳固的人才基础。培养新型农民是一项系统工程，在理论培训和现场指导开展之前，培训机构要组织培训教师反复学习了解绿色农业政策，明确培训实质，注重现场指导。同时注重调查农民需求，认真编写培训资料，配强壮大师资队伍，为搞好新型农民科技培训工程做好技术备。在新型农民科技培训的过程中，应充分认识到广大农民要求培训工作不能仅限一时一地，希望"学习有场所，咨询有专家"，农民迫切需要建立绿色农业生产的"加油站"，留给农民持续的学习机会。最后一点，积极培育农民创业带头人，建立"企业农户"发展模式，完善绿色农业产业链。

十八、加强绿色生态农业社会化服务

社会化服务是指对生产者提供培训、信息和咨询服务。为鼓励农民发展生态农业，一些国家政府建立了技术示范推广基地，使农民真正理解推进生态农业的重要意义，提高他们发展生态农业的主动性和积极性。培训和信息服务的内容包括如何使用有机肥、种植绿肥、作物轮作、生物防治等技术，以及对目前食品市场的新认识。此外，社会化服务还帮助消费者了解生态产品的价值和特点，促进生态消费。

十九、积极培育国内外市场发展绿色创汇产业

围绕绿色农产品原料生产基地和加工基地，建设一批辐射能力强、辐射距离远的批发市场。强化对绿色农产品的宣传力度，通过多层次、多形式、多渠道的宣传活动，普及绿色农产品知识，提高全社会对绿色农产品的认知水平，畅通绿色农产品的消费渠道。认真组织实施绿色农产品名牌战略，鼓励各类企业创立名牌，增大绿色农产品在国内外的知名度，进一步提高其市场占有率。密切跟踪绿色农产品国际标准的变化，加强国际市场信息的收集与分析工作，针对国际贸易中的技术壁垒，建立预警机制，以便及时应对。发挥比较优势，根据当地实际，建立诸如劳动密集型和劳动技术密集型的绿色农业的创汇基地，以质优价廉物美的绿色农产品扩大国内外市场份额。

参考文献

[1] David M, Julie M, Kevin M. Farming for wildlife: Using the farmbill to create wildlife habitat on working farms [J]. National Wetlands Newsletter, 2011, 33（1）: 20-22.

[2] Hansen B, Kristensen E S, Grant R, et al. Nitrogen leaching from conventional versus organic farming systems a systems modelling approach [J]. European Journal of Agronomy, 2000, 13: 65-82.

[3] Lee D K, Aberle C, Chen J, et al. Nitrogen and harvest management of conservation Reserve Program（CRP）grassland for sustainable biomass feedstock production [J]. GCB Bioenergy, 2012（10）: 1-10.

[4] Maggio A, Carillo P, Bulmetti G S, et al. Potato yield and metabolic profiling under conventional and organic farming [J]. Europ J Agronomy, 2008, 28: 343-350.

[5] U.S.Department of Agriculture. FY2010 USDA Budget Summaryand Performance Plan [EB/OL]. Http://www.obpa.usda.gov/budsum/budget_summary.html, 2013-03-20.

[6] Zeyaur R Khan, David G James. Chemical ecology and conservation biological control [J]. Biol Control, 2008, 45（2）: 210.

[7] 封超年，周桂生，陆建飞. 有机农业发展现状及其研究趋向 [J]. 中国生态农业学报, 2005（4）: 4-7.

[8] 付意成，阮本清，张春玲，等. 生态补偿机制研究 [J]. 中国农村水利水电, 2009（3）: 38-42.

[9] 高彤，杨姝影. 国际生态补偿政策对中国的借鉴意义 [J]. 环境保护, 2006（10）: 48-51.

[10] 高旺盛，陈源泉，石彦琴，等．中国集约高产农田生态健康评价方法及指标体系初探 [J]．中国农学通报，2007（10）：30-35．

[11] 何沙，邓璨．国外生态补偿机制对我国的启发 [J]．西南石油大学学报：社会科学版，2010，3（4）：67-69．

[12] 金京淑．中国农业生态补偿研究 [D]．长春：吉林大学，2011．

[13] 靳明．绿色农业产业成长研究 [M]．杭州：浙江大学出版社，2008．

[14] 李俐．中美生态补偿制度比较研究 [D]．济南：山东师范大学，2013：16-17．

[15] 李平，高原．发达国家生态效益补偿经验借鉴 [J]．环境保护，2011（4）：69-71．

[16] 李显军．中国有机农业发展的背景、现状和展望 [J]．世界农业，2004（7）：7-10．

[17] 刘嘉尧，吕志祥．美国土地休耕保护计划及借鉴 [J]．商业研究，2009（8）：135-136．

[18] 刘力，于爱敏．世界可持续农业发展模式比较研究 [J]．世界地理研究，2001（1）：41-45．

[19] 刘连馥．从绿色食品到绿色农业从抓检测到抓生产源头 [J]．世界农业，2013，4：2-6．

[20] 刘亚男．我国农业生态补偿法律制度完善研究 [D]．陕西杨凌：西北农林科技大学，2013：6-27．

[21] 卢艳丽，丁四保．国外生态补偿的实践及对我国的借鉴与启示 [J]．世界地理研究，2009，18（3）：165-168．

[22] 聂倩，匡小平．公共财政中的生态补偿模式比较研究 [J]．财经理论与实践，2014，35（2）：104-108．

[23] 聂倩．国外生态补偿实践的比较及政策启示 [J]．生态经济，2014，30（7）：157-159．

[24] 欧阳志云，郑华，岳平．建立我国生态补偿机制的思路与措施 [J]．生态学报，2013，33（3）：686-692．

[25] 彭诗言. 生态补偿机制的国际比较 [J]. 特区经济, 2009 (5): 23-24.

[26] 彭兴菊. 生态补偿视野下美国农业生态政策研究 [J]. 世界农业, 2014
(4): 87-90.

[27] 强卫. 转变发展方式推动绿色发展 [J]. 求是, 2010 (1): 1-3.

[28] 任运河. 山东省绿色农业评价、预警体系研究 [D]. 泰安: 山东农业大
学, 2006.

[29] 孙继华, 张杰. 国外生态补偿经验借鉴研究 [J]. 北方经贸, 2013 (4):
113.

[30] 唐铁朝, 边艳辉, 刘峰, 等. 环境友好农业生产的生态补偿机制探索与
实践 [J]. 农业环境与发展, 2011 (4): 5-9.

[31] 唐增, 徐中民, 武翠芳, 等. 生态补偿标准的确定——最小数据法及其
在民勤的应用 [J]. 冰川冻土, 2010 (10): 20-23.

[32] 田苗, 邓远建, 夏庆利. 绿色农业生态补偿理论研究与实践应用探析 [J].
金融与经济, 2012 (6): 13-15.

[33] 田苗, 严立冬, 邓远建, 等. 绿色农业生态补偿居民支付意愿影响因素
研究——以湖北省武汉市为例 [J]. 南方农业学报, 2012 (11): 1 789-
1 792

[34] 万晓红, 秦伟. 德国农业生态补偿实践的启示 [J]. 环球瞭望, 2010 (3):
3-5.

[35] 汪劲. 中国生态补偿制度建设历程及展望 [J]. 环境保护, 2014, 42 (5):
18-22.

[36] 王国成, 唐增, 高静, 等. 美国农业生态补偿典型案例剖析 [J]. 草业科
学, 2014, 31 (6): 1 185-1 194.

[37] 王绍凤. 绿色种植业经济发展系统研究 [D]. 天津: 天津大学, 2008.

[38] 邢可霞, 王青立. 德国农业生态补偿及其对中国农业环境保护的启示 [J].
农业环境与发展, 2007 (1): 1-3.

[39] 严立冬, 孟慧君, 刘加林, 等. 绿色农业生态资本化运营探讨 [J]. 农业
经济问题, 2009 (8): 12-15.

[40] 杨成才，周志翔，罗曼．有机农业发展模式与生产技术概况 [J]．湖北农业科学，2012（22）：4 969-4 975．

[41] 张燕清，龚高健．国外生态补偿政策对我国的启示 [J]．发展研究，2013（12）：108-109．

[42] 张翼飞，陈红敏，李瑾，等．应用意愿价值评估法，科学制订生态补偿标准 [J]．生态经济，2007（9）：28-31．

[43] 赵彦泰．美国的生态补偿制度 [D]．青岛：中国海洋大学，2010：17-18．

[44] 赵云峰，侯铁珊，徐大伟．生态补偿银行制度的分析：美国的经验及其对我国的启示 [J]．生态经济，2012（6）：35-36．

[45] 钟方雷，徐中民，李兴文．美国生态补偿财政项目的理论与实践 [J]．财会研究，2009（18）：12-17．

附录 1

调研问卷

1. 农户基本情况

姓名：_____，家庭人口：_____人，劳动力数量：_____人，主要收入来源：_____，主要种植农作物：_____，年收入：_____元。

2. 农户对绿色农业的了解情况

你了解绿色农业吗？ _____

种植绿色农作物有补贴吗？ _____，如果有，怎样补贴？ _____

_____

_____

当地发展绿色农业的措施有哪些？ _____

_____

_____

你认为目前影响绿色农业发展的因素有哪些？ _____

_____

_____

你对绿色农业生产补贴怎样看？ _____

你认为应该怎样补贴？ _____

补贴依据是什么？ _____

你的期望金额是多少_____

你认为补贴方式有哪些？ _____

3. 绿色农业生产水平评价指标体系

（1）农资购买情况

化肥施用量_____（千克/年），农家肥等绿色肥料施用量_____（千克/年）。

化学农药施用量＿＿＿（千克／年），生物农药等绿色农药施用量＿＿＿（千克／年）。

（2）技术采用情况

农作物种植面积＿＿＿＿（亩／年），农作物轮作面积＿＿＿＿（亩／年），标准化种植面积＿＿＿（亩／年），节水灌溉面积＿＿＿（亩／年），固体废弃物数量＿＿＿（千克／年）（包括：农作物秸秆、枯枝落叶、木屑、动物尸体、大量家禽家畜粪便以及肥料袋、农用膜等），固体废弃物回收量＿＿＿（千克／年）（包括：作为农用肥料、作为饲料、作为农村新型能源、作为工业原料、作为基料，生产各种食用菌等）。

（3）知识水平情况

劳动力1＿＿＿毕业（填写文盲、小学、初中、高中、大学、研究生毕业等，以下同），劳动力2＿＿＿毕业，劳动力3＿＿＿毕业，……

劳动力绿色生产年培训人数＿＿＿。

（4）产销能力情况

绿色农作物（包括：无公害、绿色和有机农作物，以下同）播种面积＿＿＿＿（亩／年），农产品销售量＿＿＿＿（千克／年），其中：绿色农产品销售量＿＿＿（千克／年）。

4.小麦（水稻、玉米）生产情况

小麦（水稻、玉米）平均亩产＿＿＿千克，每千克出售价格＿＿＿元。在种植总成本中，人工费用＿＿＿＿元，固定资产折旧＿＿＿元；其：种子＿＿＿元，农药＿＿＿元，机械作业＿＿＿＿元，排灌费用＿＿＿＿元，土地成本＿＿＿＿元；化肥＿＿＿元，农家肥＿＿＿元。

绿色种植情况下：小麦（水稻、玉米）平均亩产＿＿＿千克，每千克出售价格＿＿＿元，在种植总成本中，人工费用＿＿＿＿元，固定资产折旧＿＿＿元；种子＿＿＿元，生物农药＿＿＿元，机械作业＿＿＿＿元，排灌费用＿＿＿＿元，土地成本＿＿＿元，农家肥＿＿＿元。

5. 蔬菜生产情况

（1）设施西红柿

平均亩产____千克，每千克出售价格____元；

在种植总成本中，人工费用____元，大棚及农膜等固定资产折旧____元；种子____元、农药____元、机械作业____元，排灌费用____元，土地成本____元；化肥____元，农家肥____元。

绿色种植情况下：平均亩产____千克，每千克出售价格____元，在种植总成本中，人工费用____元，大棚等固定资产折旧____元；种子____元，生物农药____元，机械作业____元，排灌费用____元，土地成本____元，农家肥____元。

（2）设施黄瓜

平均亩产____千克，每千克出售价格____元；

在种植总成本中，人工费用____元，大棚及农膜等固定资产折旧____元；种子____元，农药____元，机械作业____元，排灌费用____元，土地成本____元元；化肥____元，农家肥____元。

绿色种植情况下：平均亩产____千克，每千克出售价格____元，在种植总成本中，人工费用____元，大棚等固定资产折旧____元；种子____元，生物农药____元，机械作业____元，排灌费用____元，土地成本____元，农家肥____元。

（3）设施茄子

平均亩产____千克，每千克出售价格____元；

在种植总成本中，人工费用____元，大棚及农膜等固定资产折旧____元；种子____元，农药____元，机械作业____元，排灌费用____元，土地成本____元；化肥____元，农家肥____元。

绿色种植情况下：平均亩产____千克，每千克出售价格____元，在种植总成本中，人工费用____元，大棚等固定资产折旧____元；种子____元，生物农药____元，机械作业____元，排灌费用____元，土地成本____元，农家肥＿＿＿元。

（4）设施菜椒

平均亩产＿＿＿千克，每千克出售价格＿＿＿元；

在种植总成本中，人工费用＿＿＿元，大棚及农膜等固定资产折旧＿＿＿元；种子＿＿＿元，农药＿＿＿元，机械作业＿＿＿元，排灌费用＿＿＿元，土地成本＿＿＿元；化肥＿＿＿元，农家肥＿＿＿元。

绿色种植情况下：平均亩产＿＿＿千克，每千克出售价格＿＿＿元，在种植总成本中，人工费用＿＿＿元，大棚等固定资产折旧＿＿＿元；种子＿＿＿元，生物农药＿＿＿元，机械作业＿＿＿元，排灌费用＿＿＿元，土地成本＿＿＿元，农家肥＿＿＿元。

（5）露地西红柿

平均亩产＿＿＿千克，每千克出售价格＿＿＿元；

在种植总成本中，人工费用＿＿＿元，大棚及农膜等固定资产折旧＿＿＿元；种子＿＿＿元，农药＿＿＿元，机械作业＿＿＿元，排灌费用＿＿＿元，土地成本＿＿＿元；化肥＿＿＿元，农家肥＿＿＿元。

绿色种植情况下：平均亩产＿＿＿千克，每千克出售价格＿＿＿元，在种植总成本中，人工费用＿＿＿元，大棚等固定资产折旧＿＿＿元；种子＿＿＿元，生物农药＿＿＿元，机械作业＿＿＿元，排灌费用＿＿＿元，土地成本＿＿＿元，农家肥＿＿＿元。

（6）露地黄瓜

平均亩产＿＿＿千克，每千克出售价格＿＿＿元；

在种植总成本中，人工费用＿＿＿元，大棚及农膜等固定资产折旧＿＿＿元；种子＿＿＿元，农药＿＿＿元，机械作业＿＿＿元，排灌费用＿＿＿元，土地成本＿＿＿元；化肥＿＿＿元，农家肥＿＿＿元。

绿色种植情况下：平均亩产＿＿＿千克，每千克出售价格＿＿＿元，在种植总成本中，人工费用＿＿＿元，大棚等固定资产折旧＿＿＿元；种子＿＿＿元，生物农药＿＿＿元，机械作业＿＿＿元，排灌费用＿＿＿元，土地成本＿＿＿元，农家肥＿＿＿元。

附录 2

调研报告：浙江省衢州市发展生态循环
高端农业的思路与对策

衢州市位于浙江省西部，是传统农业大市，面积 8 841 平方千米，人口 253 万，生态环境优越，农业资源丰富，特色农产品众多。目前衢州处于传统农业向现代农业转型的关键期，加快农业产业转型升级，是推进衢州市农业发展方式转变、增强衢州农产品市场竞争力、实现农民持续增收的重要途径。

一、衢州市发展生态循环高端农业的意义

党的"十八大"提出经济、政治、文化、社会和生态文明建设"五位一体"的总体布局。这对于生态环境佳、农业禀赋优、发展潜力大的衢州而言是难得的机遇。农业是衢州主导产业，衢州生猪养殖 700 万头，但养殖排泄物资源化利用水平低，对环境带来潜在威胁。根据国家环保总局畜禽养殖污染调查表明，养殖排泄物中 COD 排放已大大超过工业废水与生活污水的 COD 排放量之和。衢州已形成包括柑橘、茶叶、蔬菜瓜果在内的优势主导产业，但土壤有机质资源未得到有效补偿，导致土壤中微生物丰度、分泌的黏液量减少，其降尘作用受到极大影响。这些农业生产中的问题对构建高端循环农业造成重要影响。如何实现资源节约、农业节能减排，提升产业发展水平，将生态环境优势转化为产业和经济发展优势，生态循环高端农业成为衢州转变农业发展方式的必由之路。

二、衢州发展生态循环高端农业的优势

1. 生态基础好

钱塘江发源于此，衢州是浙江重要生态屏障。全市森林覆盖率 71.5%，地表水达一、二级饮用水标准，气候适宜、特产众多，具有发展生态循环高端农

业得天独厚的条件。所属的浙闽赣交界山地是《全国生态环境保护纲要》确定的九大生态良好地区之一和全国具有国际意义的生物多样性分布中心之一，2012 年和 2103 年入选"中国十大宜居城市"，是国家历史文化名城、国家园林城市、中国优秀旅游城市。

2. 农业特色多

衢州已形成柑橘、畜禽、竹木、粮油、蔬菜、食用菌、茶叶、蜂产品、水产九大优势主导产业，享有 19 个中国特产之乡的美誉。粮食总产量 79.69 万吨，畜牧业产值占 42% 以上，是浙江省重要的商品粮生产基地和畜禽生产基地。蔬菜总产量 90.48 万吨，果用瓜总产量 14.95 万吨，水产品 54 087 吨。特色产业产值占农业总产值比重 85% 以上，农民家庭经营收入的 2/3 来自特色农业产业。

3. 科技水平高

衢州农业科技贡献率达 60%，主要农作物良种覆盖率 95% 以上，农业先进适用技术普及率达 95%，柑橘三疏一改技术、水稻轻简栽培技术、食用菌周年栽培技术、畜禽综合防疫技术、测土配方技术等一批先进适用技术得到广泛应用。农牧结合、粮经结合、机艺结合的高效生产经营模式、"稻鸭共育"、"猪—沼—果"等生态循环模式层出不穷。

4. 农业功能广

山区生态休闲农业、丘陵绿色无公害农业、盆地现代设施农业 3 个农业功能带特色鲜明，农业功能从生产向生态、生活、文化功能拓展。生态循环农业示范区 10 个、休闲观光农业示范点 567 个、面积 61 387 亩。利用优质的生态环境和现有旅游资源打造出独特的消费环境，衢州特色的有机食品品牌"竹香猪""竹香生态米"吸引了全国消费者到衢州生态旅游、观光。

5. 产业化发展快

充分发挥特色产品众多、生产基地集聚的优势,依托农产品加工小区,大力发展农产品加工业,提高农产品附加值。全市农产品加工产值200亿元,国家级农业龙头企业4家、省级30家,注册各类农产品商标907个。农产品加工以竹木制品、畜禽产品、茶叶、粮油、果蔬为主。是华东地区最大的国产原木集散交易中心,浙江省最大的细木工板生产基地。竹炭产量占全国的50%以上。竹胶板在国内市场占有率达12%,水煮笋出口量占全国的15%。

6. 农业发展地势优

衢州地处钱塘江源头,浙、闽、赣、皖4省交界处,有"四省通衢、五路总头"之称,民航、铁路、公路、水运齐全,浙赣铁路横贯全境。衢州已入长三角经济圈和海西经济区。全国柑橘生产加工交易、四省边际粮食加工交易、华东竹木加工交易、泛长三角畜禽生产交易四大集散中心初具雏形,产业集聚力、影响力、带动力不断增强。

三、衢州生态循环高端农业发展的制约因素

1. 农业面源污染亟待防治

衢州生猪养殖因其存在粗放养殖及废弃物未被资源化利用及无害化处理等原因带来水资源、土壤资源等环境污染问题,畜禽粪尿、化学需氧量、总磷和总氮的排放量大体上各占全省排放总量的1/3。同时,加之农业生产中农药、化肥的不合理使用,耕地污染后的土壤耕作层较浅,酸化严重,标准农田中80%达不到标准,37%有机质偏低,大量元素、中量和微量元素之间比例失调。

2. 农业产业规模经营及产业化程度低

农业规模经营比重低,农业主体实力弱。农业龙头企业数量不多、实力不

强。农民专业合作社数量多，大部分合作社凝聚力、约束力不强。农业劳动力少且价格高。农业产业链不长，大宗农产品仍然以鲜销、贩销为主，农产品加工大都是初级产品，猪禽精深加工率不到 5%，柑橘精深加工率在 3% 左右，蔬菜仅 2%。农产品出口比重低，出口额仅占产值的 6.7%。

3. 耕地资源不足，土地流转率亟待提高

衢州人均耕地不足 1 亩，一家一户的土地分散经营，难以推进规模化、集约化、标准化生产，成为制约现代农业发展的瓶颈。2013 年，浙江省土地流转率已达 44.5%，在全国遥遥领先，但衢州土地流转率只有 26%，还远未达到浙江省平均水平。

四、衢州发展生态循环高端农业的思路

生态循环高端农业是指以促进农业可持续发展为目标，以保护生态环境为基础，以资源高效循环利用为核心，农业产业从生产、加工到市场产出高效益，形成农业"种、养、加"产业互补、资源价值链集成循环的高端农业，实现"生态效益高、农产品附加值高、技术含量高、经营模式好"的现代化农业。

1. 优化农业产业布局

合理配置种养业、主导产业和新兴产业。引导农业生产经营主体，创新农作制度，推广清洁生产，实现单个经营主体的小生态循环体系。在乡镇区域内合理布局农业产业，实现连片范围内的中生态循环体系。在县域范围内整体构建农业生产、加工、流通、休闲、服务相协调的生态循环高端农业产业体系，实现农业生态大循环。弘扬农业生态文化，拓展休闲观光农业，促进农业一二三产联动发展。

2. 积极培育生态循环高端农业产业

充分挖掘衢州特色产业比较优势，推进"一村一品"，提升传统优势产业、

培育新兴特色产业和发展新型业态产业。传统特色产业以土壤涵养水平的提升为核心，以标准化安全生产为基础，提升产品品质，打响衢州农产品"生态招牌"。精品水果、特色蔬菜、特种畜禽等新兴产业按照做精、做优、做特的要求，大力引进培育新品种，推广生态循环新模式、新技术。推进种养业与乡村旅游业的有机结合，利用生态农业产业优势，围绕旅游景区建设，培育观光农业、创意农业等新业态，成为农业经济新的增长点。

3. 大力发展生态畜牧业

按照"生猪养殖适量化、养殖方式生态化、排泄物利用资源化、病死畜禽无害化、养殖管理规范化"的要求，大力发展农牧结合的生态畜牧业。根据种养生态平衡要求和周边种植业的土地承载、消纳能力，合理安排规模畜禽养殖场和养殖小区，引导畜禽养殖向生态化、规模化、标准化养殖小区集聚。加大环保饲料推广应用力度，积极推行雨污分流、干湿分离等畜禽清洁化健康养殖。推广"干粪—有机肥—农田"和"湿粪—沼液沼渣—农田"的生态循环农业模式，推进生态循环农业发展，改善农村生态环境。

4. 加快农业废弃物资源化利用和农药化肥减量化

构建"农业废弃物收集系统＋处理加工中心＋推广应用基地"生态循环利用体系。推广以沼气为重点的农村能源和畜禽排泄物综合开发利用技术，支持有机废弃物生产土壤调理剂等生物有机肥。引进推广应用生物腐植酸碳肥制造技术等生态循环技术，以猪场排泄物全利用为主，同时消纳死猪、秸秆枝条、菇渣、中药渣、秸渣等食品加工废弃物，标准化生产国家鼓励的新型环保肥料有机土壤调理剂，带动衢州椪柑、胡柚、蔬菜等高端优质农产品生产。推广有机肥使用，减少化肥使用量。推广高效、低毒、低残留农药，推行农作物病虫害统防统治方法和农业、物理、生物等绿色防治技术，减少化学农药使用。

5. 积极推行新型农作制度

推广农作物间作、套作和轮作技术，重点推广"资源—废弃物—再生资源"模式，探索产业循环发展机制。在粮食作物主产区，大力推行"再生稻（头季＋再生季）＋冬季绿肥（或蔬菜）"等耕作制度，提高农作物副产品用于秸秆还田或牲畜饲料的比重。在经济作物主产区，重点实施柑橘品质提升工程，充分利用橘园、茶园等资源开展园林养禽，发展立体种养，壮大林下经济。在畜禽主产区，重点推广"畜禽—三沼—作物"循环模式，对畜禽粪便和排放污水进行资源化再利用，生产沼气能源和有机肥，配套周边种植业。

五、政策措施

1. 政策扶持

按照"多方争取、用途不变、优势互补、形成合力"的原则，加强统筹协调，加大资金项目的整合力度，形成多元化投入机制，财政专项资金主要用于生态畜牧业建设、畜禽排泄物资源化利用、生态循环高端农业示范创建、农药化肥减量化项目和高品质农产品品牌培育等。鼓励、引导企业与民间资本积极参与生态循环高端农业项目建设。

2. 开展生态循环高端农业示范创建

按照区域特色和资源禀赋，创建生态循环高端农业示范。以一、二、三产配套发展为目标，统筹布局种植业、养殖业以及有机肥生产和优质农产品加工等农业产业和配套服务设施，实现全市域的生态循环利用；结合现代农业园区、粮食生产功能区"两区"建设，合理布局生态循环农业产业，实现区域性的生态循环利用；依托家庭农场、专业合作社和种养大户，大力推广种养结合等模式，实现农业生产基地内的生态循环利用。

3. 创新农业经营机制

通过参股、重组、收购、兼并等方式，加快农村土地流转，推进家庭经营、集体经营、合作经营、企业经营等共同发展的农业经营方式创新。以产业为依托、市场为导向、品牌为纽带、产权联合为手段，做大做强一批有规模、有品牌、有竞争力的示范性农民专业合作社。依托绿色有机农产品生产基地，吸引竞争力强的大型龙头企业来衢投资兴建农产品精深加工基地。

4. 健全农业生态保护机制

严格保护基本农田、标准农田以及森林、湿地等农业资源。实行耕地质量、农业生态环境动态评价制度。加强土壤环境质量监测。建立农业生态环境补偿机制，引导农民自觉转变农业发展方式，从根本上破解农业发展与生态环境的矛盾。推进优质安全农产品基地认定、产品认证及良好农业操作规范认证，健全农产品产地准出、质量追溯制度，加大农产品地理标志保护，建立农产品优质优价导向机制。

附录3

调研报告：河南省固始县发展绿色农业的调研报告

一、发展绿色农业的生态基础

固始县位于河南省东南部、豫皖两省交界处，南依大别山，北临淮河水，位于国家农业部农产品区域布局规划"长江中下游平原中籼稻产业带和优质弱筋小麦规划区"内，素有"鱼米之乡"美誉。全县总面积2 946平方公里，辖32个乡镇，601个村街，170万人，其中农业人口142万人，常用耕地面积175.1万亩，常年农作物播种面积420万亩左右，常年粮食产量基本稳定在10亿千克以上，是河南省第一人口大县、农业大县，也是全国第二批商品粮基地县、全国粮食生产百强县、全国粮食生产先进县。国家级生态示范区，属淮河源生态保护区。

固始县光、热、水、土等自然资源十分丰富，生物多样性特点突出，经济物种品质、风味独特，构成了绿色农业生产坚实的物质基础。

固始土壤肥沃，水气清新，是一个理想的绿色农业"种、养、加"区域。固始水资源丰富，水质优良。固始属淮河流域，境内有淮河一、二级支流16条，此外，还有众多的三级支流与4.15万多个沟塘堰坝相连，形成了排灌两用、天然和人工相结合的水系，其总体蓄水能力达1.9亿立方米。固始的地表、地下水资源相当丰富。可利用水资源总量达26亿立方米，水质良好，适宜发展绿色农业。这里山青、水碧、土沃、气润，多样的地貌，独特的气候，为500多种动物、2 000多种植物、260种经济作物提供了良好的生态环境，11.67万公顷天然无污染耕地是发展绿色农业的理想场所。

固始县名特农产品优质。悠久的农业文明孕育出众多的名特产品。由固始人自己在历史上长期选育而成的粮食、麻类、果蔬等主要农作物地方品种达60多个。固始鸡、固始白鹅、固始麻鸭、豫南黑猪、槐山羊等地方畜禽良种也是人民群众在长期的养殖实践中逐步选育而成的。

固始县生态生产方式保持完整。固始人民不仅培育出品质独特的地方物种，还总结形成了与物种品质相适应的一系列独特生产方法，这些传统方法在今天看来，对于绿色农业生产仍具有十分重要的意义。固始农民历史上就有种植"绿肥"（紫云英）和收集、施用农家肥的传统并一直沿袭至今。农村家家都有堆沤农家肥的习惯，即使在化肥普及的今天，固始农作物施肥仍以农家肥为主。全县农家肥年均施用量达 45.5 立方米 / 公顷；化肥施用量远远低于全省平均水平。固始土壤肥沃，水质清洁，空气清新，是一个理想的绿色农业"种、养、加"区域。

二、发展绿色农业的主要成效

近年来，固始县确立了"生态立县""绿色兴县"战略，促进了绿色农业取得跨越式发展。坚持把国家级生态示范区建设与绿色农业发展结合起来，并通过宣传引导不断提高全县人民的生态意识、绿色意识。坚持利用现代科技改造传统产业、优化农业结构，积极发展生态、优质、有机、绿色和无公害农产品，不断提高农产品品质，提升市场竞争力。坚持通过"政府扶龙头、龙头带基动、基地连农户"的形式，积极推进农业产业化经营，把分散经营的千家万户纳入到专业化、规模化、标准化生产的轨道，并实现与千变万化的大市场的有效对接。固始已先后获得粮食、油料、肉类、渔业生产全国百强县，全国粮食生产先进县，全国三绿工程示范县，全国食品工业强县，全国无公害果蔬生产示范县以及中国萝卜之乡和中国柳编之乡等称号。

一是绿色农业开发初见成效。全县农产品注册商标达到 64 个，其中，优质农产品 26 个，使用范围覆盖固始达 90% 的农产品。全县有机农产品绿色食品和无公害农产品发展到 32 个，16 家企业通过 ISO9000 系列国际质量认证。创建了一大批固始县农产品品牌，提升了"固"字号农产品的市场竞争力，产品远销上海、武汉、南京、合肥、北京、郑州等大中城市，成为华东地区重要的绿色食品供应基地。

二是绿色农业基地建设初具规模。建立了粮油、蔬菜、茶叶、畜禽、水产和柳条优势生产区域，其中：优质水稻生产基地达到 140 万亩，双低油菜生产基地 70 万亩，商品蔬菜生产基地 20 万亩，优质茶叶生产基地 10 万亩，固始鸡规模饲养量达到 2 000 万只，白鹅规模饲养量 360 万只，水产面积 24 万亩，优质柳条基地 10 万亩。

三是农业产业发展迅速。全县粮油、畜禽、茶叶等支柱产业 20 多个品种实现了产业化配套，拥有涉农企业 364 家，年产值 30 多亿元，其中，国家级龙头企业 1 家，省级龙头企业 12 家，市级龙头企业 43 家，全县 137 家重点工业企业中，半数以上都是农产品加工企业。四是服务体系不断完善。基本形成了农产品的市场体系、信息网络体系和技术支撑体系。建成区域性农产品的批发市场 12 个，农贸市场 87 个，拥有各类农村流通组织 73 家，农民专业合作组织 433 家，农民经纪人 10 万人。

四是发展特色优势农业，提升产品质量。2014 年，豫申米业、三高豫南黑猪、华丰柳编、九华山茶叶和一鼎通竹木 5 个农业产业化集群通过重点培育，销售收入分别达到 28.4 亿元、31.6 亿元、12.5 亿元、11.3 亿元和 8.9 亿元。豫申米业和三高豫南黑猪产业化集群被列入省政府认定的全省首批公布的 139 个集群之中。全县"三品一标"优质农产品总量达到 44 个，建立蔬菜标准示范园 3 个、有机茶标准化生产基地 3 个、生态养殖示范工程 42 个，新建万头以上标准化豫南黑猪养殖场 3 个，百福居熟食加工生产线顺利投产。安山惠农果林种植专业合作社冬枣种植园通过国家"菜篮子"产品生产项目扶持，发展后劲和发展能力均明显增强。中科粮油产业科技园项目年度完成投资 0.9 亿元，新征土地 86 亩，优质稻谷免晒系统和低温存储设施及年加工 20 万吨优质有机香米生产线如期竣工并投产运行，即食方便米线、婴幼儿米粉、精制饲料等深加工项目正在筹划，预计明年上半年投产。三高食品工业园项目累计完成投资 2.4 亿元，其中，1 亿只鸡苗孵化厂、20 万只固始鸡标准化养殖园、2 万头豫南黑猪种猪场已建成技产，豫南黑猪精深加工项目主打精细分割和熟食产品加工设备正在安装，预计年底前投入试运行。

五是服务体系不断完善。基本形成了农产品的市场体系、信息网络体系和技术支撑体系。建成区域性农产品批发市场 12 个，农贸市场 87 个，拥有各类农村流通组织 73 家，农民专业合作组织 832 家，其中，国家级示范社 1 家，省级示范社 5 家，市级示范社 30 家，农民经纪人 10 万人。

三、发展绿色农业的建议

1. 充分利用资源和生态优势发展绿色农业

固始县是河南第一人口大县，也是农业大县、国家级生态示范县，农业资源丰富，生态环境优良，发展优质农产品产业得天独厚、潜力很大。县里要以获得"绿色农业示范区"称号为契机，立足当前，着眼长远，统筹规划，精心组织，有步骤、有重点地推进绿色农业产业稳步发展。在制定规划时，要注意把绿色农业发展与地方特产开发结合起来，与现代农业建设结合起来，与新农村建设结合起来，与县域经济发展结合起来，要把发展"三品一标"品牌农产品作为绿色农业重点，努力把固始县建设成为国内知名的优质农产品和绿色食品基地。

2. 示范带动引导农民树立绿色农业理念

一是按照全县山区、丘陵、平原及沿淮洼地四大生态类型区，开展各种形式的试点、示范，进行研究和探索，为全县绿色农业发展提供最佳模式。南部山区探索生态茶园与黄牛养殖模式，丘陵地区开展林下散养固始鸡、豫南黑猪模式，平原地区加快绿色粮油生产基地建设，沿淮洼地探索以湿地保护为目标，加快发展柳条生产基地。二是围绕绿色农业关键技术，开展小麦、油菜和水稻高产创建活动。让农民看得见，模得着，学得会，跟着干，引导农民大力发展绿色农业。三是结合固始县实际，建立绿色农业固始鸡生态养殖示范点、豫南黑猪生态养殖示范点和水产养殖示范点，示范点取得的生态环境效益、经济效益和市场竞争力，吸引广大农民群众参与。

3. 部门协作营造绿色农业生产的大环境

一是县农业局联合县广播电视、文化宣传等多部门，利用各种媒体采取多种形式广泛宣传绿色农业理念，动员全社会共同参与，营造建设绿色农业示范区的良好氛围。二是县环保、技术监督、公安、司法与农、林、水、牧等有关部门联合组成"大生态、大监控、大保障"体系，对全县生态环境建设及工业生产过程进行有效的指导和监控，对废水、废气、固体废弃物及噪声污染进行综合治理，对农药、化肥、饲料、兽药的经营、使用进行规范管理，从源头上控制污染，为绿色农业发展创造最佳生态环境。三是财政、税务、工商等部门协调统一，落实各项优惠政策，在政策、项目、资金等方面向绿色农业倾斜，积极支持绿色农业产业体系，把分散经营的千家万户纳入到专业化、规模化、标准化生产的轨道，走贸工农一体化的路子，培育绿色农业强势产业和支柱产业，为绿色农业提供宽松的发展环境。县政府相继出台了"三品一标"奖补，固始鸡、豫南黑猪散养补贴，保证食品原料规模化生产基地奖励政策，激发绿色农业建设积极性。

4. 创新机制为绿色农业发展注入活力

一是创新绿色农业技术社会化服务体制机制。固始县农民专业合作发展迅速，全县已成立 832 家，入社社员达 12 万户，承载着农业科技的应用和普及，借助农村综合改革试验区的东风，以农民专业合作社为主体，创新绿色农业技术社会化服务体制机制，建立健全与政府公益型技术推广部门有机结合的服务体系，切实解决绿色农业技术推广的"短板"，实现绿色农业技术的无缝覆盖。如河南省农科院营养与资源研究所与固始县金兴农科合作社结成战略合作关系，建立有机香稻生产基地等。二是创新投入机制。绿色示范区建设离不开资金的投入，按照事权、财权的划分，建立起多元投入主体，积极争取国家和地方政策投入，鼓励集体企业和个人投入，吸引外来资本、工商资本、民间资本投入到绿色农业示范区建设中，形成资金投入合力。三是创新科技机制。加大对科研示范和科技攻关的投入，引进科技竞争机制，解决绿色农业发展中存在的技术难题，充分利用现代科技，改造传统产业，优化农业结构，提高农产品品质和市场竞争力。

附录 4

调研报告：内蒙古自治区通辽市发展绿色农业的调研报告

一、通辽市绿色农业发展现状

通辽市位于内蒙古自治区（简称内蒙古）东部，总面积 59 535 平方千米，南北长约 418 千米，东西宽约 370 千米。东靠吉林省、西接赤峰市、南依辽宁省、西北和北边分别与锡林郭勒盟、兴安盟为邻，属东北和华北地区的交汇处。通辽市辖 2 个市辖区、1 个县、5 个旗，代管 1 个县级市。即科尔沁区、经济开发区、开鲁县、库伦旗、奈曼旗、扎鲁特旗、科尔沁左翼中旗、科尔沁左翼后旗和霍林郭勒市。

通辽市资源丰富。素有"内蒙古粮仓""中国黄牛之乡"等的美誉，是国家重要的商品粮基地和畜牧业生产基地。由于天然所处地域和所拥有的气候资源，通辽市处在世界三大黄金玉米带的中国黄金玉米带延长带上[①]。

通辽市拥有耕地 146.67 万公顷，作为内蒙古的粮仓，通辽从 2004 年开始，粮食产量保持连年增长，2008 年总产突破 50 亿千克，2014 年突破 50 亿千克，比 1978 年翻了六番。粮食总产量占内蒙古自治区的 1/3 以上，玉米、水稻、荞麦种植面积和产量均居全区第一。种植业在通辽第一产业经济发展中，占据着举足轻重的地位。目前，全市从事第一产业的人口达到 99.75 万人，占三产业总就业人口的 59.5%，实现增加值 208.64 亿元，其中，种植业增加值完成 1.7 亿元，占第一产业的 57.9%。粮食产量达到 56.55 亿千克，农牧民年人均纯收入实现 7 216 元，种植业在农牧民人均纯收入中占 54.1%。因此，种植业发展态势直接关系到农业经济的发展。

近年来，在国家执行惠农政策下，通辽市农业得到了迅速发展，尤其是

①黄金玉米带即最适合玉米种植生长的黄金地带，处于同纬度上的美国玉米带，乌克兰玉米带和中国玉米带（主要是吉林省中部的松辽平原腹地）并称为世界三大黄金玉米带。辽宁省北部、黑龙江省南部、内蒙古东部部分地区（锡林郭勒、赤峰、通辽、兴安盟、呼伦贝尔等地），近年来开始推广种植吉林高产玉米，已开始逐渐形成黄金玉米带延长带。

2006 年国家在通辽市建设绿色农业示范区以来，通辽市绿色农业得到了迅猛的发展。截至目前，通辽市"三品"认证总数达 456 个，新增 97 个，增长率 21.27%。其中有机食品新增 9 个；绿色食品新增 2 个；无公害农产品新增 86 个。"三品"实际生产面积达 548.74 万亩。通辽市有机食品产品认证数达 116 个，其中有效使用有机食品标志的产品有 61 个，生产企业有 4 家，实物总量为 3.77 万吨（其中畜产品 150 吨），认证面积近 50 万亩，实际生产面积 12.16 万亩；绿色食品产品认证数达 143 个，其中有效使用绿色食品标志的产品有 43 个，生产企业有 14 家，实物总量为 25.24 万吨（其中畜产品 10.56 万吨），认证面积 385 万亩，实际生产面积 235 万亩（其中养殖面积 73.8 万亩）；无公害农产品认证数达 197 个，有效使用无公害农产品标志的产品 144 个，生产企业 43 家，实物总量 132.08 万吨（其中水产品 920 吨，猪 9 220 吨），全市耕地已全部通过无公害产地认定，实际生产面积 301.58 万亩（其中水产面积 18.2 万亩，猪 6.8 万头）。通辽市安全农产品生产企业队伍逐年扩大，给企业带来了品牌效益，推动了标准化生产，带动了全市经济的发展，目前全市有 30 余万人从事安全农产品生产，切实拉动了基地农民增收。

通辽市还建成了数个国家级绿色食品原料基地："通辽黄玉米"获得了原产地标记注册认证，种植面积 1 300 万亩，总产量 40 亿千克以上。科左后旗 25 万亩 A 级水稻绿色基地和"蒙怡""马莲河"牌 A 级绿色食品商标通过国家食品行业绿色食品认证；开鲁县红干椒经专家评定后获自治区优质产品称号，开鲁县已成为名副其实的"中国红干椒之都"；"库伦荞麦"2006 年获得国家工商局认证的原产地商标，2008 年通过原产地地理标志登记；奈曼旗无籽西瓜，已经具有了良好声誉，产品处于供不应求的状态。

二、通辽市发展绿色农业的优势

通辽地处内蒙古东部、我国北方农牧交错带上，曾经土质肥沃、水草丰美，是著名的科尔沁草原腹地。与全国相比发展绿色农业的优势明显。到目前为止，通辽市农业生产仍以传统农业为主，现代化程度低，农药、化学品的使用量较少，农业生产的环境污染小，资源破坏程度较轻，加之地域辽阔，大气环境、水环境、土壤环境等状况明显优于开发较早、开发程度较高的其他地区，具备开发和生产绿色食品的基本要求，是我国最适合发展无公害食品、绿色食品的地区之一。充分利用和发挥通辽市生态环境遭受工业污染较少和天然草场面积广阔的优势，发展绿色农业，突出产业发展的绿色标志，适应消费者追求绿色消费的时尚，把产业绿色化作为结构调整的灵魂，将通辽市建设成为全国重要的绿色农产品生产基地，必将带动内蒙古自治区农业跳跃式发展。

我国 2007 年出台的《东北地区振兴规划》中明确提出了加大绿色食品产业发展力度，建设高产、优质、高校、生态和安全的农产品生产基地。建立一批高标准的国家和省级绿色农业基地与农产品出口基地。规划范围包括：辽宁省、吉林省、黑龙江省和内蒙古自治区呼伦贝尔市、兴安盟、通辽市、赤峰市和锡林郭勒盟（蒙东地区）。国家已批准通辽市为我国绿色农业示范区。通辽市绿色农业示范区的建设成就是发展绿色农业坚实的有利条件。通辽市在绿色农业示范区建设方面取得了显著的成就，为发展绿色农业，促进生态环境的改善打下了坚实的基础。通辽市还领先于全国启动了安全无公害农产品生产计划，从实际出发，适时提出了"打绿色牌，走特色路"的工作思路，这为通辽市绿色农业的发展奠定了坚实基础。近几年，在政府的组织和引导下，全力开拓市场。绿色食品生产基地的建立及其产品的开发，已打开了发展绿色农业的新局面。科左后旗申请创建的 25 万亩绿色食品原料（水稻）标准化生产基地经国家评审符合创建条件，批准进入了为期一年的绿色食品基地创建期。

三、通辽市绿色农业发展的对策措施

1. 加大对绿色农业的投入力度

按照市场经济发展的要求，建立多渠道、多层次和多形式的投入机制，尽快建立和完善农业、林业、水土保持基金制度和设施，以及森林生态效益、农业生态环境保护补偿制度等。财政支持是绿色农业健康发展的基础和重要保证，各级财政每年都应安排一定规模的资金，作为绿色农业的专项资金，主要用于绿色农业生产基地建设、技术培训、骨干企业技术改造等方面。同时，通辽市积极拓宽投融资渠道，依靠银行、农村信用社等金融部门和一定的民间资金提供足额贷款，鼓励工商企业投资发展绿色农业，逐步形成政府、企业和农户共同投资的机制。鼓励和扶持市场前景好、科技含量高并已形成规模效益的绿色农产品高新技术企业上市，从而加速推进该市绿色农业的健康持续稳定发展，实现绿色农业发展的生态效益。另外，政府应建立健全市场监督制约机制，清理和调整不适应绿色农业发展的法律、法规，并不断完善绿色农业相关法律、法规。通辽市绿色农业的健康快速发展需要政府的资金投入、完善相关法律法规、政府政策等各个方面的积极参与。

2. 充分利用地区优势发展绿色农业

绿色农业的发展对自然条件和社会因素要求较高，需要这两者的有机结合。发展绿色农业必须考虑当地自然状况，如气候、土壤、地理位置等，还要考虑人文、市场、技术等社会因素，才能发挥出自身的比较优势并取得成功。实践证明，绿色农业的发展应结合本地实际情况，抓住本地特色和区位优势，才能取得更好的发展。通辽市具有得天独厚的自然条件和地理优势，例如：土地广阔，土壤肥沃，属于蒙古高原递降到低山丘陵和倾斜冲击平原地带。通辽市北部是山区，中部是平原，南部和西部由浅山。丘陵、沙沼构成。因此，通辽市发展绿色农业必须结合自身实际状况并充分发挥自身地域多样性优势，考虑每一个区域的实际情况，政府农业部门应科学规划，制订相应的绿色农业发展计划，从而形成具有地域特色的绿色农业，如以平原为主的科左中旗大力建设绿色玉米生产基地，而以丘陵和沙沼为主的库伦旗则根据自身的具体状况建设天然荞麦基地，其他旗县也根据自身的自然条件找到了适合自身的绿色农业发展道路。

3. 通过扶持龙头企业培育绿色优质农产品

据统计，通辽市近年来已培育出销售收入 100 万元以上的农业产业化龙头企业 220 户，年销售收入 200 亿元以上。通辽市农牧业产业化经营促进了农业增效和农民增收。目前各类农牧业专业合作经济组织已发展到 707 个，龙头企业及各类专业合作经济组织带动农牧户 33 万户，占总农牧户数的 60%，解决就业人数 3 万人，农牧民人均从产业化中获得纯收入达 2 700 元，农畜产品综合加工率 65%。龙头企业具有开拓市场、引导生产、深化加工、搞好服务等诸多功能，其经济实力的强弱和牵引能力的大小，决定着一体化经营的规模和成效。针对目前通辽市的实际情况。可对已形成一定规模和经济实力、科技含量高并创有名牌安全食品的玉米、乳肉、荞麦、水稻等加工企业，进行重点扶持，规范运作方式，提高加工水平，使其不断发展壮大，发挥示范带头作用。积极鼓励和引导规模较小，但效益好、发展前景广阔的企业进行合并改造，采用高新技术和先进工艺，努力提高加工转化能力和产品档次。要依托原料生产基地，打破行政区域界限，坚持多种经济成分和经营方式并存，新建一批安全食品加工龙头企业。龙头企业建设既可以走先开发安全食品，然后靠安全食品品牌效应发展壮大，尽快成为较大型龙头企业的路子，也可以走已有的大型企业向安全食品产业投资创办龙头企业的路子。要制定相应的产业政策、扶持政策和技术政策，支持龙头企业的发展，把龙头企业建设作为通辽市绿色农业产业化的突破口。搞好农畜安全食品生产基地建设。农畜安全食品生产基地的建设能促进绿色农业布局区域化、经营集约化和经营规模化。通辽科左中旗中部灌溉区建设绿色玉米生产基地；科左中旗北部和扎鲁特旗发展畜牧业；科左后旗中部建设水稻生产基地；库伦旗建设荞麦和小麦生产基地等。它们都有可能经过加工成为个地区或全市的主导产业和支柱产业。通过扶持龙头企业，实施品牌战略，突出地方特色，选择有市场竞争力的产品，精心培养一批知名绿色食品，努力扩大知名品牌的比例，发挥品牌效应，提高市场占有率；鼓励并支持具有较强经济实力和影响力的龙头企业，将特定区域内的中小企业的相关产品纳入其品牌系列；在改进生产工艺，提高产品质量的前提下，积极扩大主导品牌在市场上的容量；对已成为通辽市的知名绿色食品，要力争成为国内、国际品牌。

4. 树立绿色农业生产意识

绿色农业要发展好，必须要有坚实的"群众基础"。现在，绿色消费虽然已开始成为一种趋势，但并非每个人都有这种意识，由于知识水平、收入水平、社会阶层等的差别；在对绿色消费的认识上也存在很大的差异。为此，可以从以下两个方面着手宣传。首先，我们通过现代媒体的快捷作用和实效扩大传播效果，如报纸、广播、文艺、电视、户外广告等各种媒介手段，有计划、有步骤、大规模地宣传环保和绿色农业知识，全面开展"绿色知识和环保宣传"教育。通过普及生态环境科学知识，积极倡导绿色消费，提高群众对绿色农业的认识，增强全民族绿色意识。另外，通过宣传引导广大干部和农民正确认识发展绿色农业和无公害农产品的重要性，树立正确的绿色生产观，为绿色农业的发展奠定坚实的思想基础，形成自觉维护生态环境的社会风尚。特别是要让农户、企业和消费者三方都认识到保护环境、节约资源与开展绿色农业生产的重要性和迫切性，借以推进该市绿色农业发展的进程。再次，我们要通过各新闻媒体，多渠道广泛深入地宣传发展绿色农业的必要性和重要性，激发人们建设绿色农业的自觉性和积极性。向各级政府领导宣传，使其更新观念，增强其对发展绿色农业的紧迫感，自觉主动地加强领导，支持、扶持绿色农业的健康发展；农民是农业经济发展的主体，通过对广大农民群众宣传，调动起农民的积极性和主动性，切实推进绿色农业的发展；向社会公众宣传，使其认识和了解绿色农业和安全食品，增强生态环保意识，提高识别能力和购买需求，开拓安全食品的市场消费。

5. 建立和完善绿色农产品质量监管体系

绿色农业关键在于"绿"，而"绿"的关键在于以质量上，所以，生产绿色农业或绿色农产品的每一个环节、每一个组成要都起着决定的作用。通辽市要保障绿色农产品的质量必须加强和完善已经构建的质量标准、监测检验、产品开发、商标管理、技术保障和市场服务等绿色食品发展体系。通辽市在完善绿色农产品质量监管体系的过程中还要建立"技术标准为基础、质量认证为形式、商标管理为手段"的开发管理模式，借以对绿色农产品实施积极有效的质量监督，彻底抓好绿色农产品的质量。为了做好上述质量监管工作，我们可以采取有效措施重点抓好以下两个方面：一是逐步建立绿色农产品和食品卫生质量安全认证体系，完善产品申报、审批、标志和证书使用等规章制度，完善绿色农产品产供销方面一体化运转体系建设。建立健全绿色农业与绿色产品指标评价体系，资格认证及环境标志产品制度。加强绿色食品生产各个环节的有效监督，包括产前、产中、产后和营销过程的监督，彻底杜绝任何影响绿色产品质量的违规生产流程，把保证绿色农产品质量放在发展的首位。二是进一步健全相关法律法规，加大保障绿色农业健康有序发展的立法。在强化绿色农业发展意识教育的同时，要加强对我国绿色农业相关的法律和法规的立法，制定具有约束性的规章。只有相关法律、法规和规章健全，绿色农业的发展才能有法可依，执法必严和违法必究也能得到保障。在发展绿色农业的过程中，只有依法加强和完善绿色农产品质量监管体系，实施积极有效的监督，才能取得相应的发展成果和集约效益。